教育部人文社会科学研究项目（19YJC630226）

河北省科技厅软科学项目（20557662D）

河北省社会科学基金项目（HB20GL045）

廊坊师范学院出版基金（XCB202302）

众包社区 知识共享参与行为及 实现机制研究

孟建锋　著

武汉大学出版社

图书在版编目(CIP)数据

众包社区知识共享参与行为及实现机制研究/孟建锋著.—武汉：武汉大学出版社,2024.8
ISBN 978-7-307-23897-8

Ⅰ.众…　Ⅱ.孟…　Ⅲ.知识管理—研究　Ⅳ.G302

中国国家版本馆 CIP 数据核字(2023)第 145439 号

责任编辑:陈　帆　　　责任校对:汪欣怡　　　版式设计:马　佳

出版发行:**武汉大学出版社**　　(430072　武昌　珞珈山)
　　　　　(电子邮箱：cbs22@whu.edu.cn　网址：www.wdp.com.cn)
印刷:武汉邮科印务有限公司
开本:787×1092　1/16　印张:11　字数:233 千字　　插页:1
版次:2024 年 8 月第 1 版　　2024 年 8 月第 1 次印刷
ISBN 978-7-307-23897-8　　　定价:60.00 元

序

习近平总书记在党的二十大报告中强调："建设现代化产业体系。坚持把发展经济的着力点放在实体经济上，推进新型工业化，加快建设制造强国、质量强国、航天强国、交通强国、网络强国、数字中国。""推动战略性新兴产业融合集群发展，构建新一代信息技术、人工智能、生物技术、新能源、新材料、高端装备、绿色环保等一批新的增长引擎。""完善科技创新体系。坚持创新在我国现代化建设全局中的核心地位。"孟建锋的博士学位论文《众包社区知识共享参与行为及实现机制研究》，以企业自建众包社区作为研究对象，基于社会偏好视角对众包社区知识共享参与行为及实现机制进行了探索性研究，其研究成果比较有新意，可供这一领域理论与实践工作者借鉴参考。

2006 年 Howe 率先提出"众包"概念。这一理论界定在社会发展过程中具有原创性意义。近 20 年来，众包理论与实践相结合，其深度和广度得到了长足发展。众包社区作为网络众包范畴在数字经济发展应用与创新过程中具有重要的现实作用。

网络众包是通过网络平台把企业和社会大众引入无限宽广的虚拟空间，在这个网络空间里，企业和社会大众互动，开展合作，进行协同创新活动。它彻底颠覆了传统实体企业形式和联盟组织合约模式，参与各方在无组织边界的虚拟社区里进行创新活动。网络众包使得网络社会的生产力被充分挖掘出来，它对企业技术创新具有革命性的影响。这是一个全新的研究领域。网络众包既是开放式创新的一种模式，也是一个动态变化的系统。

纵观众包网站，Kaggle 网站上目前有超过数十万名数据科学家，他们当中大部分是相关领域的博士研究生，或从事数据分析师的工作，他们通过参加众包竞赛渴望在现实世界中进行数据开发并改进他们的分析技术。Kaggle 作为目前国内外比较知名的网络众包竞赛平台之一，其个体创造力、工作投入程度及自我效能感都具有较强的代表性。网络众包是实现了社会大众共同创造价值的一种新型社会行为，企业组织及公共部门借助网络众包平台，对全球创新参与者的创意和知识技术等资源进行搜集和整合，利用社会群体智慧和群体能力，采取"大众参与"的商业模式，实现社会的不断创新和进步，这是众包发展的根本意义。另一方面，网络众包能够提高企业组织及公共部门的开放式创新实施效果，提供更多的网络众包产品或解决方案，并且有助于降低发包方企业及公共部门的创新成本，有效提升了整合利用外部社会创新资源的协同创新能力和效率。众包的应用前景比较广泛，目前在公共卫生、医疗、物流等服务行业得到了比较广泛的应用。

本书体现了上述应用。目前企业所面临的最大不确定性是环境的动态变化性。企业组织要想在动态变化的环境中取得持续成功，需要时刻关注外部环境发展趋势，并拥有不断创新的能力。

在以大数据、云计算、物联网、人工智能等为代表的新一代信息技术迅猛发展的大背景下，能够持续创新是企业应对各种挑战和机遇的主要途径之一。产品的生命周期进一步缩短、技术日益复杂、用户崛起与个体需求日益差异化、知识型员工的流动性增强等因素加剧了企业创新的难度，单纯依靠企业内部创新能力已经不能满足消费者需求。而以知识共享的众包社区创新模式由于能够更好地了解顾客、产生创意，成为促进企业创新的重要途径。利用网络技术帮助企业发布问题和收集社区用户解答方案是跨越时间和空间的障碍、实现知识和资源共享的创新模式。

众包社区作为互联网和用户崛起时代企业获取外部大众创新知识的重要途径，应用前景非常广阔。从当前研究来看，对众包社区用户的研究是学者们关注的热点问题，国内外学者对众包社区用户的个人特征、心理动力、社会资本等因素对众包参与行为的影响进行了大量研究，但对众包社区用户知识共享的参与行为研究较少，很少有学者关注知识共享对企业困难问题解决和创新产生的积极作用。众包社区有自己的独特特征，参与众包社区的群体往往是基于公平偏好和利他偏好的有限理性的个体。因此，以社会偏好理论为基础，对众包社区知识共享参与行为及实现机制进行研究具有一定的学术价值。

本书最主要的贡献之处在于以企业自建众包社区作为研究对象，基于社会偏好视角对众包社区知识共享参与行为及实现机制进行了探索性研究，从静态视角对众包社区知识共享网络结构进行分析，从动态视角出发构建考虑社会偏好和不考虑社会偏好的众包社区知识共享的演化博弈模型，拓展了复杂网络博弈与其他学科结合与应用的研究范畴，扩展了知识共享研究的理论视角，并整合计划行为理论和社会资本理论，构建了社会偏好视角下众包社区知识共享实现机制的概念模型，具有实践应用价值。

本书能够从理论与实践相结合的视角，为众多企业自建众包社区提供实践运行启示和管理创新思路。是为序。

中国工程院院士 徐寿波

2023 年 8 月

前　　言

党的十九大报告指出，"创新是引领发展的第一动力，是建设现代化经济体系的战略支撑"，2019 年政府工作报告进一步强调"大力优化创新生态，调动各类创新主体积极性"。目前，我国的企业创新生态主要是依靠自身的研发部门和实验室进行的"封闭式创新"，这不能满足当前共享经济下企业创新"新常态"的要求，同时消费者对产品和服务的需求呈现差异化特征，这迫使企业必须不断通过创新来满足消费者的需求。但由于企业内部创新能力的有限性，以知识共享为桥梁的众包社区创新模式逐渐成为企业了解顾客、产生创意，促进企业创新生态优化的重要途径。当前，众包社区用户规模不断扩张，促进了企业的创新和变革，但也存在社区用户知识共享参与意愿低、活跃程度不高、缺乏有价值的知识和信息等问题。因此，众包社区管理者必须全面了解社区用户的心理特征，把握用户参与知识共享的动机和行为规律，以便采取有效措施激发社区成员积极性，切实提高众包社区知识共享的水平。

众包社区是一个有效储存和交换知识的技术平台和社会组织平台，人们通过众包社区参与知识共享活动。除了受到物质利益驱动外，以互惠偏好、利他偏好和公平偏好等为表现形式的社会偏好已经成为重要的驱动因素。社会偏好作为一种意愿和态度，会对众包社区知识共享产生重要的影响，但是很少有学者关注社会偏好对众包社区知识共享的影响。因此，本书以此为切入点，在对众包社区知识共享相关文献进行系统梳理的基础上，对众包社区知识共享参与行为及实现机制进行研究。首先根据网页抓取的众包社区数据建立复杂知识共享网络，从静态角度对众包社区知识共享的网络结构特征进行分析；然后基于演化博弈理论从动态角度探讨社会偏好下不同网络结构上众包社区知识共享的演化机制，在此基础上构建社会偏好视角下众包社区知识共享实现的概念模型，探究社区用户参与知识共享的心理特征和行为规律；最后提出促进众包社区知识共享的策略。本书的研究内容和研究成果如下。

（1）众包社区知识共享网络具有小世界和无标度网络结构特征。以小米公司的 MIUI 众包社区抓取的网页数据为例构建知识共享网络，通过对网络中心性统计指标进行分析，发现众包社区知识共享网络具有无标度网络的结构特征，核心群体在众包社区知识传播和知识共享过程中发挥着关键作用；通过对网络集聚系数和平均最短路径系数进行统计分析，发现众包社区知识共享网络具有小世界网络结构的特征；通过对结构洞指标进行分析，发现占据更多结构洞的节点，他们在知识传播和知识共享的过程中起到"桥梁"的作用。

（2）社会偏好对众包社区知识共享具有促进作用。当不考虑社会偏好时，方格网络结构对众包社区知识共享演化促进作用不明显，而 WS 小世界网络和无标度集聚网络结构对知识共享演化具有一定的促进作用，但无标度集聚网络呈现出较强的不确定性。当考虑社会偏好时，通过演化均衡分析发现，社会偏好对小世界网络结构上的知识共享演化有规律性的促进作用，而对无标度集聚网络结构上的知识共享演化有显著的促进作用，但具有较强的不确定性，这与无标度网络连接机制形成的高连接度节点密不可分。

（3）知识共享实现机制的概念模型提出的假设均通过检验。通过问卷调查法，采用结构方程模型和调节回归分析，发现满意对众包社区知识共享具有正向影响，公平敏感性、互惠性和利他性对众包社区知识共享具有正向影响，而且公平敏感性、互惠性和利他性通过中介变量满意影响众包社区知识共享。此外，从调节效应来看，对贡献的认可正向调节满意的中介效应，规范社区压力负向调节满意的中介效应。

（4）以理论分析和实证分析得出的结论为基础，从众包社区网络结构关系管理、激发众包社区用户社会偏好、建立贡献认可机制、构建良好的社区氛围和构建众包生态系统五个方面提出促进众包社区知识共享的策略。

目　　录

1 绪 论

1.1 研究背景及意义

1.1.1 研究背景

党的十九大报告指出，"创新是引领发展的第一动力，是建设现代化经济体系的战略支撑"，2019年政府工作报告进一步强调"大力优化创新生态，调动各类创新主体积极性"。就我国的企业创新生态而言，主要是依靠自身的研发部门和实验室进行产品开发和创新的"封闭式创新"，这不能满足当前共享经济下企业创新"新常态"的要求。因此，以知识共享为桥梁的众包社区创新模式成为企业创新"新常态"的重要组成部分。随着众包社区作用的日益凸显，促进外部大众和内部人力资源进行知识共享已经成为优化企业创新生态的重要途径，众包社区知识共享能力的高低、外部大众创新主体和企业自有人力资源知识共享的深入程度对企业创新能力的提升和创新绩效的突破有着重要意义。

（1）众包社区知识共享是适应企业创新"新常态"的重要途径

21世纪以来，以大数据、云计算、物联网为代表的新一代信息技术迅猛发展，企业所面临的环境和创新模式也随之发生了显著的改变，主要表现在企业所面临的环境不确定性日益增强，产品生命周期进一步缩短，技术日益复杂，用户的需求趋于个性化，知识型员工的流动性增强。因此，对任何企业来说，依靠自身的资源开展创新活动并保持竞争优势的"封闭式创新"已经不能适应创新"新常态"的要求。在此背景下，Howe（2006）①率先提出众包的概念，这使企业创新的力量并不局限于企业内部知识，企业可以通过特定途径吸取外部知识产生创新思想，从而提升企业运营的效率。此外，信息技术的不断发展，促进了外部大众和企业之间的交流，企业获取产品和服务创新所需的知识和技能越来越便捷。为了更好地促进企业与外部大众进行知识交流和互动，众包社区应运而生。众包社区作为联结企业和大众的中介平台，利用网络技术帮助发包方发布问题并收集社区用户解答

---

① Howe, J. The Rise of Crowdsourcing[J]. Wired Magazine, 2006, 14(6): 1-4.

方案，跨越时空，实现知识和资源共享。由于众包社区往往能够获取高质量的知识，华为、海尔、小米、宝洁公司、亚马逊公司、IBM、戴尔等一些国内外知名企业纷纷建立了众包社区，鼓励员工和大众共同分享知识。通过与外部大众进行充分的交流互动，收集大量企业产品或服务创新所需要的知识和信息，例如产品的市场需求、产品反馈、意见征询等，同时鼓励社区用户参与企业产品或服务的研发、新产品体验和创新创意等环节。众多企业借助众包社区知识共享提升自己产品和服务的创新能力，这不仅使外部的闲散智力资源得到充分的发挥，促进企业创新生态的优化，同时和我国推行的"大众创业、万众创新"政策不谋而合。总体而言，众包社区的知识共享无论从理论上还是实践上都成为企业创新"新常态"的重要途径。

（2）信息技术的发展是促进众包社区知识共享的技术支撑

网络信息技术，特别是移动互联网技术的发展使大众将自己的创新创意知识和信息分享到世界各个角落成为可能，尤其是大众可以借助协作式社交媒介随时随地进行知识共享，这为企业创新模式的改变提供了可能。互联网另一端的网络大众是众包社区发展的客观条件之一，其承担着众包创新模式下创新创意知识和信息提供者的重要角色。龙啸（2007）[①]认为网络所具有的资源整合能力是之前时代所无法比拟的，它使"众包"的真正意义得以实现，大众通过网络就可以实现便捷的知识共享。全球化社交媒体数字营销机构We are social 联合 Hootsuite 发布了《2020 全球数字报告》，该报告对 16～64 岁的网民进行调查，统计结果显示，全球网民数量在 2020 年 1 月达到 45.4 亿，同比增长 7%，其中社交媒体用户达到 38 亿，同比增长 9%；手机用户数量达到 51.9 亿，同比增长 2.4%。而根据我国互联网络信息中心（CNNIC）第 44 次《中国互联网络发展状况统计报告》，截至 2019 年 6 月，我国网民数量为 8.54 亿，手机网民数量达到 8.47 亿，网民中通过手机上网的数量占比高达 99.1%。可见，无论是从我国还是从世界范围来看，移动互联网用户增长迅速，这为以众包模式为基础的创新生态的构建与发展提供了数量巨大且稳定的人力资源支持。从技术视角来看，以大数据、云计算、移动互联网为代表的信息技术迅猛发展，为企业和外部大众的知识共享活动提供了良好的技术支撑，对促进分布式协作系统作用的发挥以及人力资源的内外整合起到至关重要的作用。从人力资源的供给来看，数以万计的网络用户通过众包社区参与知识共享，他们分布在世界各个角落，具有不同的学科和学历背景，拥有不同的技能和特长，通过与他们的交流互动，将他们提供的创新知识和信息为企业所用，从而弥补企业内部人力资源的不足，促进企业产品和服务的创新。总体来看，信息技术的发展降低了网络大众参与众包社区知识共享的门槛和减少了时间成本，使企业能够充分高效地利用分散在世界各地的网络大众的智慧。

---

① 龙啸. 从外包到众包[J]. 商界（中国商业评论），2007（4）：96-99.

（3）用户崛起与个体需求差异化是促进众包社区知识共享的源动力

从用户需求出发的思想促进了用户力量的崛起，同时在开放、共享、高效的互联网推动下，尤其是移动互联网的快速发展为用户的意见表达创造了空间，其影响力不断扩大，网络大众逐渐成为知识和信息的主要生产者，他们直接或间接地参与企业的创新活动，促进了企业的创新和变革。企业很多的创意灵感源于用户的间接甚至是直接参与，海尔HOPE 平台通过与用户的交互，实现用户需求、创意与企业的创新无缝对接，践行"未来将是人人制造"的思想。同时，随着社会的不断进步和人们对生活质量要求的日益提高，消费者对产品和服务的需求呈现差异化特征，他们日益追求产品的个性化和多样化，这迫使企业不断地通过创新来满足消费者的需求。但由于企业内部创新能力有限，寻求外部大众参与企业创新成为重要的途径，这为众包社区的发展提供了市场基础。一方面，以消费者为代表的外部大众是产品和服务的接受者，其对自身需求的了解更加精准，因此他们为了获得更优的服务体验，获取自己亲身参与创新的产品或服务，会主动要求运用自己的专业和特长参与创新，这样可以减少企业创新的不确定性，降低企业的研发成本，因此新产品和服务开发的成功率得到提升，进而有助于企业保持持续的竞争力。另一方面，由于众包社区为外部大众追求产品和服务个性化、差异化提供了便捷的渠道，外部大众可以通过众包社区精准表达对产品的需求，他们参与企业创新的需求得到尊重和认可，个人利用闲暇时间使自己的知识和专长能够得到释放，从而实现外部大众与企业价值共创。美国无线T恤公司(Threadless)通过众包模式来设计新T恤，该公司每周都会收到百余件业余或专业设计师的作品，然后放在网站上让用户评分，得分最好的T恤设计将被生产，但能不能量产还取决于预订的数量，被选中的设计方案会得到一定的物质奖励，同时设计者的名字会印在T恤商标上，Threadless通过众包模式实现了设计者、消费者和生产者的"三赢"。可见，大众参与众包的意愿通过设计个性化的产品或者参与投票等得以实现。当前的社会网络大众数量巨大，并且拥有足够的智慧，尤其是愿意积极参与企业的产品和服务创新，这对于众包社区的高效发展意义重大。

（4）众包社区知识共享管理问题亟需完善

互联网尤其是移动互联网的发展对用户参与众包社区的知识和信息共享具有重要作用。众包社区的注册用户数量不断增长，以海尔的HOPE 创新生态平台为例，目前有350万个创新网络节点，每年解决各类创新课题500多个，支撑60个以上的上市新品，创新覆盖的技术领域有100多个，平台的创新增值达到20亿元。一方面，众包社区用户规模的迅速扩张增加了社区管理的难度，这对众包社区的运营机制和风险管理机制提出了很高的要求，众包社区的管理者不仅需要提升对有价值知识的识别能力，构建完善的知识控制机制，而且还要具备先进的知识组织和知识管理能力。另一方面，众包社区大量的用户并未带来期望的效果，普遍存在社区成员活跃程度不高、缺乏有价值的知识和信息等问题，再加上社区用户的参与门槛不高，自身的知识水平的差异导致知识共享能力千差万别，最终导致众包社区分享的知识出现内容杂乱、形式多样、质量参差不齐等问题。因此，众包社区管理者必须全面了解社区用户的心理特征，把握用户参与知识共享的动机和行为规律，以便有针对性地采取各种激励措施激发社区成员的动力，从而提高众包社区知识共享的数量和质量，解决众包社区知识管理存在的问题。

众包社区既是一个有效储存和交换知识的技术平台，也是一种新型开放式社会组织，人们参与知识共享活动往往取决于心理和情境等因素，因此从社区成员参与知识共享的动机出发展开相关研究成为国内外学者关注的热点问题。具体来看，众包社区用户参与知识共享除了受物质利益驱动外，往往还表现出强烈的社会偏好，他们参与知识共享更多的是受到互惠偏好、利他偏好和公平偏好的影响。社会偏好作为意愿和态度倾向，经常出现在群体合作行为中，当前，很少有学者探究社会偏好对众包社区知识共享行为的影响。因此，本书以分析众包社区用户知识共享的网络结构特征为基础，结合社会偏好理论和复杂网络博弈理论，深度挖掘众包社区用户参与知识共享的心理与行为规律，探讨社区用户参与知识共享的演化机制，并对基于社会偏好的众包社区知识共享实现机制进行实证分析，最终提出促进众包社区知识共享的策略。

1.1.2 研究意义

（1）理论意义

众包社区知识共享已经成为企业了解顾客、产生创意、促进企业创新的重要途径，但当前很少有学者结合网络结构特征对知识共享进行研究，且大多数研究是从静态角度进行的定性研究，很少从动态视角进行实证研究；在研究方法上，研究设计比较简单，研究方法比较单一，缺乏结合多种方法对知识共享问题进行详细的实证研究；在研究视角上，从社会偏好视角出发对众包社区知识共享进行研究是一种全新的探索。因此，本书以企业自建众包社区为研究对象，通过抓取网页数据从静态角度对众包社区知识共享的网络结构进行分析，从动态视角对社会偏好下不同网络结构特征上众包社区知识共享参与行为的演化及稳定均衡进行分析，并整合计划行为理论和社会资本理论构建社会偏好视角下知识共享实现机制的概念模型，探究社区用户参与知识共享的心理和行为规律。本书为研究众包社区知识共享提供了新的视角和切入点，进一步丰富了互联网用户参与行为的理论体系，拓展了行为经济学和复杂网络博弈的应用领域，有一定的理论价值。

（2）实践意义

众包社区作为一种新型开放式创新组织，已经突破了企业原有的组织边界，所实现的创新效应已经被证实，因此很多国内外知名企业为解决创新难题，弥补自身知识的不足，纷纷建立自己的众包社区，而且随着大数据、物联网等信息技术的迅猛发展，众包社区知识共享对企业创新的作用和影响不断增大。因此，充分把握众包社区用户知识共享参与行为的心理和行为规律，探究社会偏好视角下众包社区用户参与行为及知识共享实现机制，采取有效措施激发社区成员积极性，切实提高众包社区知识共享的水平，保证众包社区持续、健康和有效的运转，具有很强的现实意义。

1.2 研究内容、研究方法及技术路线

1.2.1 研究内容

本书共分为七章，具体篇章结构安排如下：

第一章，绪论。从研究的背景出发，提出研究的理论意义和实践意义，然后阐释研究的主要内容、研究方法、技术路线，并提出本书的创新点。

第二章，文献综述。详细梳理国内外有关众包社区、虚拟社区知识共享、众包社区知识共享的相关文献，并对社会偏好理论进行阐释。通过对已有研究脉络的梳理，厘清相关研究领域的发展趋势，找到研究中的薄弱点和交叉点，在此基础上确定研究主题和方向。

第三章，众包社区知识共享的网络结构分析。基于复杂网络理论，以 MIUI 众包社区为例，根据网页抓取的数据建立众包社区知识共享网络，并运用 Ucinet 软件对网络的静态统计指标和结构洞指标进行分析，发现该网络的结构特征，找出网络中的领先用户和结构洞节点等关键用户，并在此基础上对众包社区知识共享的特征进行分析。

第四章，众包社区知识共享参与行为的演化机制。结合行为经济学中的社会偏好理论，选取方格网络、WS 小世界网络和无标度集聚网络构建众包社区知识共享的演化博弈模型，并运用复杂网络博弈理论，通过 Matlab 对众包社区知识共享的演化进行仿真模拟。具体分析在考虑社会偏好和不考虑社会偏好两种情况下，不同网络结构上众包社区知识共享的演化机制，并比较两种情况的差异性，从而探究社会偏好对众包社区知识共享的影响。

第五章，社会偏好视角下众包社区知识共享的实现机制。整合计划行为理论和社会资本理论，构建社会偏好视角下众包社区知识共享实现机制的概念模型，并通过问卷调查获取数据，在此基础上采用 SPSS 23 和 AMOS 23 软件对数据进行假设检验，并对检验结果进行分析。

第六章，促进众包社区知识共享的策略。以理论分析和实证分析得出的结论为基础，系统地提出促进众包社区知识共享的策略。

第七章，总结与展望。就主要研究结论进行总结，指出研究存在的局限，并对后续研究进行展望。

1.2.2 研究方法

本书基于社会偏好理论、复杂网络理论、演化博弈理论、计划行为理论和社会资本理论等相关理论，在对众包社区知识共享相关文献进行系统梳理的基础上，对众包社区知识共享参与行为及实现机制进行研究。研究过程中主要运用复杂网络统计法、演化博弈论、模拟仿真法、问卷调查法，具体如下：

（1）复杂网络统计法。采用 Ucinet 软件将抓取的网页数据构建复杂知识共享网络，将网络可视化与复杂网络数据统计等工具结合使用，从多方面、多角度分析众包社区的网络结构。

（2）演化博弈论方法。演化博弈论可以用于分析社会规范的形成与演化机制，该方法以有限理性假设为前提，从动态视角对参与群体的决策行为及演化趋势等进行系统分析，并充分考虑环境的不确定因素对参与群体的影响。演化博弈论通过描述参与群体经过决策动态调整而形成均衡的过程，把握群体行为的规律，从而形成更具现实意义的结论。本书运用演化博弈论方法对众包社区用户知识共享参与行为的决策及其演化均衡进行刻画，构建方格网络、WS 小世界网络和无标度网络上知识共享的演化博弈模型，进而分析社会偏好在众包社区知识共享演化过程中的作用。

（3）模拟仿真法。模拟考虑社会偏好和不考虑社会偏好两种情况下方格网络、WS 小世界网络和无标度集聚网络上众包社区知识共享的演化过程，借助 Matlab 编程实现知识共享博弈的计算机仿真实验，通过对博弈模型演化过程和动态均衡的比较分析，得出社会偏好对众包社区知识共享演化机制的影响。

（4）问卷调查法。以众包社区用户作为调研对象进行问卷调查，以验证本书研究假设与理论模型。数据分析主要采用 SPSS 23 和 AMOS 23 完成，数据分析方法包括描述性统计、信度效度分析、探索性因子分析、验证性因子分析、结构方程模型分析、调节回归分析等。

1.2.3 技术路线

技术路线如图 1.1 所示。

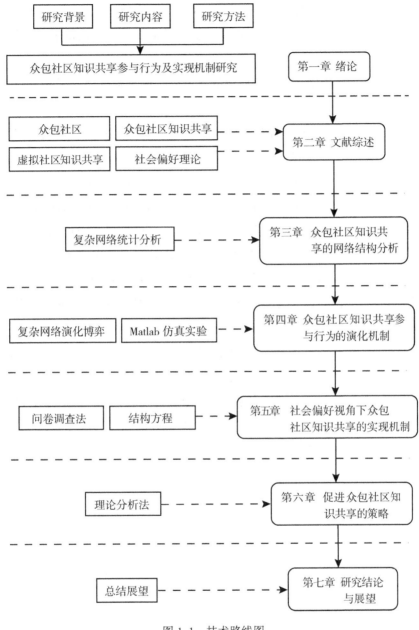

图 1.1　技术路线图

1.3　创新点

对众包社区知识共享进行研究是知识共享领域研究中一个较新的探索方向，本书以企业自建众包社区作为研究对象，在对相关文献进行梳理的基础上，从社会偏好视角对众包社区知识共享参与行为及实现机制进行探索性研究，从静态角度对众包社区知识共享网络结构进行分析，从动态角度探讨社会偏好下不同网络结构上众包社区知识共享的演化机制，并构建社会偏好视角下众包社区知识共享实现的概念模型，取得了一定的理论成果。归纳创新点如下：

（1）以复杂网络理论为基础，根据抓取的众包社区网页数据建立了知识共享网络，并对其网络结构的静态拓扑指标和结构洞指标进行了分析，从而发现众包社区知识共享网络具有小世界网络和无标度网络的结构特征。该研究结论揭示了众包社区成员知识共享的行为规律，为提升众包社区知识共享的效率提供了理论依据。

（2）运用复杂网络理论和演化博弈理论，从动态视角出发构建考虑社会偏好和不考虑社会偏好的众包社区知识共享的演化博弈模型，并通过大量 Matlab 编程实验，对方格网络、WS 小世界网络和无标度集聚网络等网络结构上用户知识共享的决策行为进行仿真模拟，验证了社会偏好、网络拓扑结构和博弈收益参数对知识共享的演化作用。研究发现，社会偏好对 WS 小世界网络和无标度集聚网络上的知识共享具有规律性的促进作用。该演化博弈模型拓展了复杂网络博弈与其他学科结合与应用的研究范畴，进一步丰富了知识共享研究的理论视角。

（3）整合计划行为理论和社会资本理论，以社会偏好表现形式的公平敏感性、互惠性和利他性为自变量，知识共享为结果变量，构建了社会偏好视角下众包社区知识共享实现机制的概念模型，并以众包社区用户作为调研对象进行问卷调查，然后运用数据分析方法对该模型进行实证检验，实证结果揭示了基于社会偏好的众包社区知识共享的实现机制，从而进一步丰富了知识共享理论。

2　文　献　综　述

2.1　众包社区研究现状

2.1.1　众包的界定

众包并不是一个新的社会现象，从人类开始集体劳作时，众包就存在了。众包形式的雏形可以追溯到 1714 年，当时英国政府通过提供现金奖励的众包活动寻找定位海洋中船只位置的方法。19 世纪初，英国的数学家查尔斯·巴贝奇(Charles Babbage)通过宏任务的众包模式雇用了几个人帮助自己计算行星的天体运动轨迹，巴贝奇还被认为是众包核心概念的提出者。近年来，随着互联网的普及和用户个性消费的不断崛起，众包引起了实业界和学术界的广泛关注。"众包"作为专业术语是由 Howe(2006)[①]率先提出，他认为众包是将本应由员工完成的工作任务以自愿的形式外包给非特定的大众的活动，本质是需求方与人才、知识实现精准匹配的机制。在 Howe 提出"众包"概念之后，众包的理论研究和实践活动都得到了快速发展，但是人们就众包的概念仍然没有达成共识。Brabham(2008a)[②]认为众包是 iStockphoto 和 Threadless 等营利组织采用的一种在线的、分布式的问题解决和生产模式。在此基础上，Brabham(2008b)[③]进一步对众包的内涵进行了阐释，他认为众包是一种战略模式，旨在通过激发大众的兴趣和潜力，促使其提供质量和数量上优于传统商业模式的解决方案。Kleeman et al. (2008)[④]则从价值创造的角度对众包进行了界定，他认为众包是一种将顾客纳入企业内部价值创造过程的形式，其本质是对顾客的创意和其他形式

---

①　Howe, J. The rise of crowdsourcing[J]. Wired Magazine, 2006, 14(6): 1-4.

②　D. C. Brabham. Moving the crowd at iStockphoto: The composition of the crowd and motivations for participation in a crowdsourcing application[J]. First Monday, 2008, 13(6).

③　D. C. Brabham. Crowdsourcing as a model for problem solving: an introduction and cases [J]. Convergence: The International Journal of Research into New Media Technologies, 2008, 14(1): 75-90.

④　F. Kleeman, G. Voß, K. Rieder. Un(der)paid innovators: the commercial utilization of consumer work through crowdsourcing[J]. Science, Technology and Innovation Studies, 2008, 4(1): 5-26.

的工作进行商业利用。Estellés & González(2012)①等通过研究文献梳理了 40 种众包的定义，并从中提取了众包定义的特征，结合先前的研究，将众包定义为个人、组织或企业通过公开征集或资源参与的方式吸引具有异质性和不同知识技能的大众参与的特定任务的在线活动，这对发包方和大众来说是共赢的，大众通过参与任务获得物质报酬、社会认可、自尊以及个人技能的提升，而发包方获得利用大众智慧产生的收益。这一定义得到了广泛的认可。Saxton et al. (2013)②认为众包是组织通过先进的互联网技术利用虚拟大众的努力来完成特定组织任务的一种采购模式，这是一个实用但严格的众包定义。Saxton 等还使用内容分析方法和解释性阅读原理分析了 103 个著名的众包网站，发展了分类理论的众包。

国内对众包研究开始于 2005 年，中科院的刘锋在《互联网引擎的困境与对策》一文中首次提出"威客"的概念，威客现象与 Howe 提出的众包概念异曲同工。之后，众包概念逐渐被国内学者所接受。刘锋(2011)③从计算机信息技术视角出发，认为众包是大众借助互联网技术，运用自己的知识解决技术和服务等方面的问题，旨在获取相应报酬的个人行为。夏恩君等(2015)④认为众包是指公司或组织通过在线社区或者企业创新平台将本应由雇佣员工或承包商完成的工作以自由自愿的方式外包给非特定大众完成。邓娜(2016)⑤从商业模式的角度出发，认为众包是网络大众利用业余时间通过提供知识和创意换取小额报酬甚至是无报酬的新型商业模式。林素芬和林峰(2015)⑥则从知识创新角度出发，认为众包是接包方创造并提供知识、发包方获取知识的过程。

总之，国内外学者对众包定义的研究还有待深入，随着众包实践的不断发展，众包的内涵和外延将不断丰富，本书在结合 Estellés & González(2012)、夏恩君等(2015)观点的基础上，将众包定义为借助互联网上未知大众的智慧来完成组织发布的特定任务，是一种分布式的问题解决新模式。

2.1.2 众包社区的构成

众包社区并没有一个统一的定义，但从相关文献研究可以得出众包社区是由众包发起者、众包平台和众包参与者组成的动态交互式虚拟系统。众包发起者也称发包方，大众参与者也称众包社区用户。

---

① Estellés-Arolas E, González-Ladrón-De-Guevara F. Towards an integrated crowdsourcing definition[J]. Journal of Information Science, 2012, 38(2): 189-200.

② Saxton G D, Oh O, Kishore R. Rules of crowdsourcing: models, issues, and systems of control[J]. Information Systems Management, 2013, 30(1): 2-20.

③ 刘锋. 威客理论创建者刘锋在首届全球威客大会上的发言[J]. 新闻研究导刊, 2011(3): 14-16.

④ 夏恩君, 赵轩维, 李森. 国外众包研究现状和趋势[J]. 技术经济, 2015, 34(1): 28-36.

⑤ 邓娜. 探析新型商业模式众包对平面设计的启发[J]. 现代装饰(理论), 2016(3).

⑥ 林素芬, 林峰. 众包定义、模式研究发展及展望[J]. 科技管理研究, 2015, 35(4): 212-217.

（1）众包发起者。众包的发起者可以是个人、企业或者非营利组织，他们通过互联网技术吸引外部资源参与，旨在实现复杂任务的解决、获得创新方案或创意。这样不仅可以弥补众包发起者自身资源的不足，而且可以帮助其了解大众的需求。目前，众包发起者主要是指企业，如美国的 Threadless 公司作为众包发起者向大众征集 T 恤设计方案，且取得了巨大的成功，在此过程中，Threadless 公司仅需支付少量的报酬就能获得大量新颖的设计方案，降低了企业的成本和风险，同时发挥了大众的创意智慧。因此，众包发起者通过众包活动不仅可以提升自己的核心竞争力，而且实现了大众和企业之间的直接对话，使企业更加精准地连接消费者的需求。除了企业作为众包的发起者，政府机构、非营利组织甚至个人也可以作为众包的发起者（戴晶晶，2017）。[1]

（2）众包参与者。众包参与者也称众包社区用户，是指众包社区参与问题解决的大众。众包社区参与者可以来自世界各地，他们具有不同的专业背景、从事不同职业、利用互联网技术交流沟通。众包社区用户作为可以被激发利用的创新资源逐渐成为众包学者研究的对象，学者们认为用户尤其是领先用户是产生创新创意的源泉，领先用户具有较高的创新水平，只有充分了解领先用户的需求，才能开发出创新的产品或服务（Lilien et al.，2002）。[2] 对于众包社区用户，除了对领先用户进行研究外，还可以根据众包参与者竞争和合作的状况，将众包参与者划分为竞争者、合作者、竞合者和旁观者，并在此基础上对不同类型参与者的特征进行了探讨（Hutter et al.，2011）。[3]

（3）众包平台。众包平台是联结众包参与者和众包社区用户的桥梁。众包平台按构建主体通常分为企业自建平台和中介平台。企业自建众包平台是由企业自己搭建并自行管理，旨在充分理解顾客需求、推动企业持续创新的商业渠道，典型的企业自建众包平台如 Dell 的"创意风暴"、小米的 MIUI 论坛、海尔的 HOPE 创新生态平台等，这也是本书的研究对象。中介平台是指并非由企业构建，而是由第三方创建并运营，主要致力于搭建众包发起者和众包参与者沟通互动的桥梁，实质是虚拟知识公司，如美国的 InnoCentive 平台，我国的猪八戒网站、任务中国、一品威客等。众包平台除了按照众包构建主体划分外，还可以按众包任务类型的不同划分为问题解决类和思想生成类（Papsdorf，2009），[4] 按众包网站交易方式的不同划分为悬赏制、招标制、雇佣制及计件制（李忆等，2013）。[5]

---

① 戴晶晶. 网络众包的过程模型和平台（模式）构建研究：商业模式成型视角［D］. 南京：东南大学，2017.

② Lilien G L，Morrison P D，Searls K，et al. Performance assessment of the lead user idea-generation process for new product development［J］. Management Science，2002，48(8)：1042-1059.

③ Hutter K，Hautz J，Johann Füller，et al. Communitition：the tension between competition and collaboration in community-based design contests［J］. Creativity & Innovation Management，2011，20(1)：3-21.

④ Papsdorf C. Wie surfen zu arbeit wird［M］. Frankfurt：Campus Verlag，2009.

⑤ 李忆，姜丹丹，王付雪. 众包式知识交易模式与运行机制匹配研究［J］. 科技进步与对策，2013，30(13)：127-130.

2.1.3 众包社区用户研究现状

国内外学者从管理学、社会学和心理学等不同角度对与众包社区相关的问题开展了大量的研究。其中，对众包参与者即众包社区用户的研究是热点。众包社区用户作为众包社区的主要参与主体之一，其积极参与行为对众包社区的良好运营和繁荣发展至关重要。当前学者们对众包社区用户的参与行为进行了大量研究，主要从个人特征、参与动机、环境影响因素等方面展开，取得了丰硕的研究成果。

（1）众包社区用户个人特征

用户的个人特征是指众包社区用户不同的知识、技能、经验等。众包社区用户的个人特征会影响众包。Füller、Hutte & Faullant（2011）[1]以施华洛世奇珠宝设计竞赛探索虚拟众包平台的巨大潜力，研究结果显示，众包社区用户价值共创的经验对其提交设计创意方案的数量和质量有显著的正向影响，这为更好地理解众包社区用户产生自主感、愉悦感和胜任感等情感体验提供了理论基础。Poetz et al.（2012）[2]基于现实案例的比较，由众包社区中专业用户和普通用户共同提出提升婴儿产品消费品市场效率的方案，公司高管从方案新颖性、客户利益和可行性等维度进行匿名评审，结果发现众包过程中普通顾客方案在新颖性和客户利益方面优于专业用户，但在可行性方面略低于专业用户，充分说明了专业用户和普通用户由于自身特征的不同导致其在众包任务中所承担的角色有所不同。Bayus（2013）[3]以戴尔的思想创意风暴社区的数据为例对该众包社区的用户特征和创意行为之间的关系进行研究，研究表明众包社区用户个人努力程度与创意的成功程度呈正相关，而其先前的成功创意对其以后的创意行为有不利影响。王丹妮（2012）[4]通过对威客模式中的诚信问题进行研究，发现众包社区用户的个人信用倾向、对产品信息的了解程度与众包成功交易的次数呈正相关。

（2）众包社区用户的参与动机

在内在动机方面，学者们认为众包社区用户参与众包主要是为了获得自我认可、自我实现、享受愉悦感等。Jeppesen & Frederiksen（2006）[5]对企业自建众包社区通过访谈、网络日志和问卷调查等方式获取的数据进行分析，发现众包社区用户参与众包任务的动机除

---

① Johann Füller, Hutter K, Faullant R. Why co-creation experience matters? Creative experience and its impact on the quantity and quality of creative contributions[J]. R & D Management, 2011, 41(3): 259-273.

② Poetz M K, Schreier M. The value of crowdsourcing: Can users really compete with professionals in generating new product ideas? [J]. Journal of Product Innovation Management, 2012, 29(2): 245-256.

③ Barry L, Bayus. Crowdsourcing new product ideas over time: an analysis of the dell idea storm community[J]. Operations Research, 2014.

④ 王丹妮. 企业业务外包：威客模式诚信问题研究[D]. 长沙：中南林业科技大学，2012.

⑤ Jeppesen L B, Frederiksen L. Why do users contribute to firm-hosted user communities? The case of computer-controlled music instruments[J]. Organization Science, 2006, 17(1): 45-63.

了乐于分享创意外，更重要的是获得公司的认可。Howe(2009)①研究表明，大众之所以参与众包活动，一方面是自己的聪明才智可以得到充分的展示，另一方面是可以得到别人的赞扬和认可。仲秋雁等(2011)②认为沉浸动机对众包社区用户的持续参与意向呈正相关，而影响用户沉浸的主要因素是自我认可、享受乐趣以及虚拟社区感等内部动机。叶伟巍和朱凌(2012)③以网络众包案例分析为基础，对网络众包创新模式的主要特征进行了详细的分析，研究发现，影响众包社区用户参与行为的主要因素是社会归属感、社会认可以及自我实现等内在动机。

外在动机研究方面，许多学者的研究结果表明，金钱、声望、地位以及社区的认同等对众包参与行为有很强的激励作用。Lakhani & Panetta(2007)④通过对 InnoCentive 众包社区具有博士学位的用户进行问卷调查，发现 65.8% 的博士用户参与众包的动机是为了获得金钱。Organisciak(2010)⑤通过对众包网站的研究发现，最有效的激励社会大众参与众包活动的方式是奖金，奖励金额越高，任务越简单，对普通用户越具有吸引力；奖金越高，任务越复杂，对高素质的众包社区用户越具有吸引力。Hossain(2012)⑥将众包社区用户参与众包的动机分为金钱、社交和组织等，其中金钱动机进一步划分为福利奖励、现金奖励、工作机会以及收入增加等。Liu et al.(2014)⑦通过对我国的众包网站——任务中国进行随机现场实验，研究发现奖励金额的大小与众包社区用户提供的解决方案的数量和质量呈正相关。Antitainen et al.(2010)⑧通过对来自法国、芬兰和荷兰三个国家的开放式创新社区进行研究，发现金钱奖励并不是影响众包社区用户参与众包的最主要动机，这与 Howe 的研究结果一致。以上充分说明，外部动机并不是影响众包社区用户参与行为的主要因素，单纯从外在动机视角对众包社区用户的参与行为进行研究存在一定的局限性。

---

① Jeff Howe. 众包：大众力量缘何推动商业未来[M]. 北京：中信出版社，2009.

② 仲秋雁，王彦杰，裘江南. 众包社区用户持续参与行为实证研究[J]. 大连理工大学学报(社会科学版)，2011，32(1)：1-6.

③ 叶伟巍，朱凌. 面向创新的网络众包模式特征及实现路径研究[J]. 科学学研究，2012，30(1)：145-151.

④ Lakhani K R, Panetta J A. The principles of distributed innovation [J]. Innovations：Technology, Governance, Globalization, 2007, 2(3)：97-112.

⑤ Organisciak P. Why bother? Examining the motivations of users in large-scale crowd-powered online initiatives[D]. The School of Library and Information Studies, University of Alberta, Canada, 2010.

⑥ Hossain M. Users' motivation to participate in online crowdsourcing platforms[C]//2012 International Conference on Innovation Management and Technology Research. IEEE, 2012：310-315.

⑦ Liu T X, Yang J, Adamic L A, et al. Crowdsourcing with all-pay auctions：a field experiment on Taskcn[J]. Management Science, 2014, 60(8)：2020-2037.

⑧ Antikainen M, Mäkipää M, Ahonen M. Motivating and supporting collaboration in open innovation[J]. European Journal of Innovation Management, 2010, 13(1)：100-119.

除了分别关注内在动机与外在动机，许多学者将外在动机和内在动机对众包社区用户参与行为的影响结合起来进行研究。Xie & Liu(2014)[①]通过众包系统建模和动机机制的设计，并借助博弈论技术对其激励机制进行了分析，结果表明内外动机结合的激励机制非常有效。吴金红等(2014)[②]通过对当前众包模式研究的调查和分析得出影响用户参与大数据众包活动的因素，进一步通过实证研究发现，用户的外部奖励、自我效能感、感知有用性等因素对众包社区用户的参与行为有正向影响。夏恩君和王文涛(2016)[③]对参与众包社区的用户进行调查，通过构建参与动机模型，实证分析得出内在动机和外在动机共同影响社区用户的参与行为。韩清池(2018)[④]以计划行为理论为研究基础，探索了影响众包参与意愿的因素，研究结果表明，外部收益、内部收益、收益期望、共创体验对众包社区用户的参与态度有正向影响，而社会信任和态度对众包社区参与意愿有正向影响。内在动机和外在动机对众包参与行为的影响，学者们得出了不同的研究结论。冯玉含(2017)[⑤]结合整合的技术接受模型，对众包物流配送参与意愿的影响因素进行研究，研究结果表明影响参与意愿的因素不仅包括外部动机，也包括内部动机，但是外部动机的影响程度更大。费友丽(2016)[⑥]研究发现众包竞赛中解答者的内在动机和外在动机是影响众包创新的重要因素，但是与内部动机相比，外部动机对众包创新的影响更大。Leimeister et al.（2009)[⑦]则认为激发社会大众参与众包活动的主要动机是内在动机。郭捷和王嘉伟(2017)[⑧]的研究支持了这一观点。

（3）环境影响因素

环境影响因素是指影响众包社区用户参与行为的外界因素，主要包括众包平台环境所涉及的信任、公平和互动等因素(张铁山和肖皓文，2017)。[⑨] 众包社区中的社区感知对社

① Xie H, Lui J C S. Modeling crowdsourcing systems: design and analysis of incentive mechanism and rating system[J]. Acm Sigmetrics Performance Evaluation Review, 2014, 42(2): 52-54.

② 吴金红, 陈强, 鞠秀芳. 用户参与大数据众包活动的意愿和影响因素探究[J]. 情报资料工作, 2014(3): 75-80.

③ 夏恩君, 王文涛. 企业开放式创新众包模式下的社会大众参与动机[J]. 技术经济, 2016(1): 22-29.

④ 韩清池. 面向创新的众包参与意愿影响机理研究: 以计划行为理论为分析框架[J]. 软科学, 2018, 32(3): 51-54. 76.

⑤ 冯玉含. 众包物流配送的参与意愿和行为的实证研究[D]. 长春: 吉林大学, 2017.

⑥ 费友丽. 众包竞赛中解答者创新绩效影响因素研究[D]. 镇江: 江苏科技大学, 2016.

⑦ Leimeister J, Huber M, Bretschneider U, et al. Leveraging crowdsourcing: activation-supporting components for IT-based ideas competition[J]. Journal of Management Information Systems, 2009, 26: 197-224.

⑧ 郭捷, 王嘉伟. 基于 UTAUT 视角的众包物流大众参与行为影响因素研究[J]. 运筹与管理, 2017, 26(11): 1-6.

⑨ 张铁山, 肖皓文. 众包中接包方参与影响因素研究综述[J]. 北方工业大学学报, 2017, 29(4): 126-133.

区成员的参与行为有积极影响，良好的社区感知有助于成员积极参与。宁连举和张玉红（2014）①通过研究发现，结构资本、认知资本和关系资本等社会资本对虚拟社区感知有显著影响，而虚拟社区感知对社区用户的忠诚度有显著影响，这也进一步印证了用户参与行为很大程度上源于社区对自我需要和情感的满足。Djelassi & Decoopman（2013）②通过对五个消费品公司进行案例研究，发现众包为公司和客户创造了价值，产生了双赢的结果，但顾客在参与产品开发的过程中，被剥削感和被欺骗感会减弱顾客参与众包的意愿。Zheng et al.（2014）③利用中国众包平台收集的客观和主观数据进行分析，发现解决方案的数量和多样性对方案质量有显著的正向影响。Boons et al.（2015）④通过建立在线群体参与模型，验证自豪感和尊重感对众包社区成员参与行为的影响，通过实证研究发现自豪感和尊重感对众包社区参与行为发挥了核心作用，有助于推动社区成员对众包平台的合作行为，平台管理者可以通过参与特定的沟通互动活动来增加成员的自豪感和尊重感。樊婷（2012）⑤的研究结果表明，众包平台的基础设施设计、信息质量等系统因素对用户的满意度呈现正向影响，娱乐性、自我肯定、信任等社会因素对用户的归属感具有正向影响，更为重要的是，满意度能够提升众包社区用户的归属感，并且满意度和归属感有助于提升用户的忠诚度。

2.1.4 众包社区用户研究述评

国内外学者对众包社区用户参与行为的研究取得了丰硕的成果，但由于众包作为一种社会现象出现的时间还不长，因此学者们对众包社区用户的研究尚未形成科学的体系，仍有待进一步研究。首先，缺乏从理论层面深入探析众包社区用户参与行为的机理。用传统理论或改进的传统理论去解释众包社区用户参与行为时，缺乏对理论适用性的严谨论证，同时应结合众包社区用户的心理和行为特征引入更多的理论来研究该问题。其次，对典型案例的深入分析仍然不够。由于众包模式类别多样，涉及的行业类型多样，因此在对众包社区用户参与行为进行研究时，应结合特定案例的具体特征进行深入调研和科学分析，才能准确理解众包社区用户的参与动机和参与行为。最后，以往对众包社区用户参与行为的研究大多只是从几点和某一角度出发，因此难以系统了解众包社区用户的参与行为，以后

---

① 宁连举，张玉红. 虚拟社区感对用户忠诚度影响的实证研究[J]. 技术经济，2014，33（11）：7-15，35.

② Djelassi S, Decoopman I. Customers' participation in product development through crowdsourcing: issues and implications[J]. Industrial Marketing Management, 2013, 42(5): 683-692.

③ Zheng H, Xie Z, Hou W, et al. Antecedents of solution quality in crowdsourcing: the sponsor's perspective[J]. Journal of Electronic Commerce Research, 2014, 15(3): 212-219.

④ Boons M, Stam D, Barkema H G. Feelings of pride and respect as drivers of ongoing member activity on crowdsourcing platforms[J]. Journal of Management Studies, 2015, 52(6): 717-741.

⑤ 樊婷. 基于众包视角的社区用户忠诚度影响因素研究[D]. 天津：河北工业大学，2012.

的研究中可以采用整合的理论框架进行研究，以便更加全面地了解众包社区用户的行为。

2.2 虚拟社区知识共享研究现状

2.2.1 知识共享的内涵

20 世纪 70 年代，管理学大师 Sveiby 博士开始对知识型企业管理进行探索研究，并于 1986 年率先提出了知识型企业以及知识管理的概念，引发了知识管理研究的热潮。知识共享作为知识管理体系中关键的一环，也逐渐成为管理学领域的研究热点。90 年代开始，学者们从组织行为学、经济学、教育学、社会学、信息学、工程学等学科角度出发，对知识共享展开了更加深入的研究。对于知识共享的内涵，学者们由于研究视角以及研究出发点的不同，逐渐形成了丰富的知识共享理论体系。通过梳理相关研究文献，将知识共享的概念分为以下几类。

（1）基于学习视角的知识共享

Gilbert & Hayes(1996)[①]较早从学习视角对知识共享进行了系统研究，他们认为知识共享包括知识的获取、沟通、消化、吸收、应用五个阶段，并重点强调知识共享是通过持续地学习达成既定目标的动态过程。Senge(1997)[②]认为知识共享是为了帮助他人提升有效行动能力的过程，知识共享与信息共享内涵并不一致，真正意义的知识共享是一种学习过程，并不仅仅是获取知识动作本身。Davenport & Prusak(1998)[③]认为知识共享包含了传递和吸收两个环节。林东清(2005)[④]则从组织学习的角度出发对知识共享进行了界定，他认为知识共享指组织、组织内的团队、个人三者之间通过多种渠道展开信息和知识交流，从而实现将个人和团队知识转化为组织知识的过程。总之，从学习视角出发，知识共享不仅包括信息和知识在个人、团队和组织之间的传递和转换，而且还包含知识提供方帮助知识接收方将知识理解和内化的过程。

（2）基于沟通视角的知识共享

Verkasalo & Lappalainen(1988)[⑤]将知识共享看作一种沟通的过程，无论是接收知识者

① Gilbert M, Cordey-Hayes M. Understanding the process of knowledge transfer to achieve successful technological innovation[J]. Technovation, 1996, 16(6): 301-312.

② Senge P. Sharing knowledge: The leader's role is key to a learning culture[J]. Executive Excellence, 1997, 14: 17.

③ Davenport T H, Prusak L. Working knowledge: How organizations manage what they know[M]. Brighton: Harvard Business Press, 1998.

④ 林东清. 知识管理理论与实务[M]. 北京: 电子工业出版社, 2005.

⑤ Verkasolo M, Lappalainen P. A method of measuring the efficiency of the knowledge utilization process[J]. Engineering Management, IEEE Transactions on, 1998, 45(4): 414-423.

还是知识提供者都需要有一定的先验知识作为基础。Hendriks(1999)[①]对此持相同的看法，同样认为知识共享是一种沟通过程，知识接收者以一定的知识储备和习得知识能力为基础，并通过与知识提供方持续不断地互动，从而实现对获得的知识进行重建。Tan & Margaert(1994)[②]将知识共享行为视作一种交换行为，认为通过建立有效的沟通机制，增进对彼此的了解，由此促进组织目标的实现。Ipe(2003)[③]提出了一个组织知识共享的研究框架，并强调沟通是影响知识共享的主要因素。总之，基于沟通视角的知识共享强调了知识提供方和知识接受方需要具备一定的先验知识，并认为知识共享是一个组织、团队和个人分享知识或接收知识的持续沟通与互动的过程。

（3）基于交易视角的知识共享

Davenport & Prusak (1998)[④]较早地从交易视角对知识共享进行了研究，他们认为知识共享的实质是企业内部"知识市场"将知识作为一种可交换的资产进行交易的过程。Swaan(1997)[⑤]对知识市场的建立和知识交易的成本进行了详细研究。王东(2010)[⑥]引入经济学的交易理论，将知识共享过程看作一种知识交易，并从互惠视角对知识提供者和知识接收者之间的交易过程进行博弈分析，提出了更好实现知识共享的激励策略。总之，交易视角的知识共享认为知识是一种可以进行交易的有价值的资源，知识提供者因其有用性和稀缺性将其在知识市场中进行交易，而知识共享的过程本质上是知识交易的过程，但是知识的交易很少采用现金形式，往往以互惠、信任等方式进行交易（应力和钱省三，2001）。[⑦]

（4）基于转移视角的知识共享

Wijnhoven(1998)[⑧]从转移视角对知识共享进行了界定，他认为知识共享是一种知识借助特定的信息媒介在知识提供者和知识接收者之间的转移，在知识转移的过程中，双方保

---

①　Hendriks P. Why share knowledge? The influence of ICT on the motivation for knowledge sharing[J]. Knowledge and Process Management，1999，6(2)：91-100.

②　Tan M. Establishing mutual understanding in systems design：an empirical study [J]. Journal of ManagementInformation Systems，1994：159-182.

③　Ipe M. Knowledge sharing in organizations：a conceptual framework[J]. Human Resource Development Review，2003，2(4)：337-359.

④　Davenport T H，Prusak L. Working knowledge：How organizations manage what they know [M]. Brighton：Harvard Business Press，1998.

⑤　Swaan W. Knowledge，transaction costs and the creation of markets in post-socialist economies[J]. Transition to the Market Economy，1997，2：53-76.

⑥　王东. 虚拟学术社区知识共享实现机制研究[D]. 长春：吉林大学，2010.

⑦　应力，钱省三. 企业内部知识市场的知识交易方式与机制研究[J]. 上海理工大学学报，2001，2：167-170，175.

⑧　Wijnhoven F. Knowledge logistics in business contexts：analyzing and diagnosing knowledge sharing by logistics concepts[J]. Knowledge and Process Management，1998，5(3)：143-157.

持持续的互动,从而实现知识接收者在自己已有知识的基础上对新知识的理解和描述。Lee(2001)①认为知识共享是个人、团体或组织之间的知识进行转移和扩散的活动。总之,基于转移视角的知识共享认为知识共享实质是知识提供者和知识接收者之间的知识转移扩散;作为知识的提供者,将自身知识分享给其他成员;作为知识的接收者,获取了知识提供者的有价值的知识资源(鲁若愚和陈力,2003)。②

(5)基于知识转化和创新角度的知识共享

这一视角主要来源于日本管理学家 Nonaka & Takeuchi(1995)③提出的知识转化模型,他们将企业知识划分为隐性知识(Tacit Knowledge)和显性知识(Explicit Knowledge),并假设两种知识是彼此融合、相互补充的有机整体,隐性知识和显性知识在人类发展和创造性活动中实现交互转换,最终实现知识创造。Nonaka et al. (1995)④在此研究基础上提出了著名的 SECI 模型,界定了显性知识和隐性知识转化的四种基本模式,即社会化、外化、组合化和内在化。Bart & Ridder(2004)⑤在此基础上进行了延伸研究,他们认为知识共享是创新网络主体通过交换显性知识和隐性知识的持续互动,从而实现创造新知识的过程。杜海云(2005)⑥认为知识共享是实现知识创新的前提,包含了人、知识、过程和环境四个组成要素。综上,基于知识转化和创新角度的知识共享认为在显性知识和隐性知识相互转化过程中,实现了知识在不同主体之间共享的过程,最终实现知识的转化和螺旋式的创新(张蒙,2016)。⑦

(6)基于知识系统视角的知识共享

Zhuge (2002)⑧从系统观出发,将知识共享视为一个系统,他认为知识共享是系统中同质性或者异质性的团队、个体,通过信息传递实现知识流动的过程。李涛和李敏(2010)⑨将组织视作系统,通过组织当中员工之间的交流,知识由个体层次逐渐扩散至组

---

① Lee J N. The impact of knowledge sharing, organizational capability and partnership quality on IS outsourcing success[J]. Information & Management, 2001, 38(5): 323-335.

② 鲁若愚,陈力. 企业知识管理中的分享与整合[J]. 研究与发展管理,2003(1):16-20.

③ Nonaka I, Takeuchi H. The knowledge-creating company: How Japanese companies create the dynamics of innovation[M]. Oxford: Oxford University Press, 1995.

④ Nonaka I, Umemoto K, Senoo D. From information processing to knowledge creation: a paradigm shift in business management[J]. Technology in Society, 1996, 18(2): 203-218.

⑤ Bart V D H, De Ridder J A. Knowledge sharing in context: the influence of organizational commitment, communication climate and CMC use on knowledge sharing[J]. Journal of Knowledge Management, 2004, 8(6): 117-130.

⑥ 杜海云. 图书馆如何实现知识共享[J]. 科技情报开发与经济,2005(24):52-54.

⑦ 张蒙. 食品安全虚拟社区知识共享影响因素与作用机理研究[D]. 长春:吉林大学,2016.

⑧ Zhuge H. A knowledge flow model for peer-to-peer team knowledge sharing and management[J]. Expert Systems with Applications, 2002, 23(1): 23-30.

⑨ 李涛,李敏. 基于知识分类的知识创新路径分析[J]. 科技管理研究,2010,30(22):182-185.

织的各个层次，再从组织的各个层次传播至个体，从而实现知识在组织系统内的流通和共享。从系统视角出发，他们认为知识共享是若干相互联系、相互作用的要素结合形成的系统，是以知识为传播介质形成的具有共享功能的有机整体。

众多学者从多个视角对知识共享的内涵进行了详细阐释，虽然侧重点和表述存在差异，但认为本质上知识共享研究是从转移观向转化创新观的转变和拓展。结合众多学者的研究成果以及对相关文献的梳理，本书认为知识共享是指个体、团队或组织通过持续的沟通和互动，使知识从提供方转移并扩散至接收方，接收方在提供方的帮助下消化并吸收知识，最终实现组织知识水平螺旋上升和知识创新。

2.2.2 虚拟社区知识共享的研究视角

当前，国内外学者对知识共享的研究主要从团队组织和虚拟社区层面展开，而对众包社区的研究还较少，但是众包社区是虚拟社区的特殊形式，因此可以通过梳理虚拟社区知识共享对众包社区知识共享的研究提供借鉴。根据张蒙(2016)对虚拟社区知识共享研究视角的分类方式，按照理论依据的不同，将虚拟社区知识共享的研究文献划分为社会学视角、心理学视角、技术接受视角和复合理论视角。

(1)社会学视角的相关研究

社会学视角的研究主要包括社会资本理论视角、社会交换理论视角、社会网络理论视角和博弈论视角。具体如下：

Nahapiet & Ghoshal(1998)[①]率先提出用社会资本理论(Social Capital Theory)解释组织中的知识共享和知识创造行为，并将社会资本分为结构资本、关系资本和认知资本三个维度。Wasko & Faraj(2005)[②]运用社会资本对电子网络中个体的知识贡献行为进行研究，这标志着社会资本理论被正式引入在线社区的知识共享研究。之后，学者们从社会资本的三个维度和具体因素进行了大量的研究，取得了丰硕的成果。虚拟社区用户的结构性社会资本因素包括社会交互连接、中心性、熟悉性等，主要用于对虚拟社区中成员社会关系的紧密程度进行测量；关系型社会资本因素主要包括互惠规范、主观规范、社会认同、社区认同、社区感、承诺、归属感和信任；认知型社会资本因素主要包括共同语言、共同价值观、共同愿景、社区氛围、公平感等。总体来看，学者们从社会资本理论视角在对虚拟社区的知识共享进行研究时，主要是研究社会资本的各个构成要素对用户知识共享行为或意愿的影响。

社会交换理论(Social Exchange Theory)是由 Blau 于 1964 年提出。该理论旨在对社会

① Nahapiet J, Ghoshal S. Social capital, intellectual capital, and the organizational advantage [J]. Academy of Management Review, 1998, 23(2): 242-266.

② Wasko M M L, Faraj S. Why should I share? Examining social capital and knowledge contribution in electronic networks of practice[J]. MIS Quarterly, 2005, 29(1): 35-57.

交换过程中的个体决策行为进行解释，他认为个体之所以参与社会交换是为了换取所需物品，并以收益最大化和成本最小化为原则。① 虚拟社区的知识共享可以看作是多人参与的广义上的社会交换，在知识共享过程中，社区用户贡献知识、时间等成本，获取知识、奖励、乐趣、声望等收益。学者们通常从收益和成本两个角度对影响知识共享的因素进行分析，Kankanhalli et al.（2005）②将知识共享的成本划分为知识损失和执行成本，通过实证研究发现知识损失对用户的知识共享影响并不显著，而执行成本对知识共享行为的影响与信任的强弱有关，当信任程度较强时，实施成本对知识共享行为的负向影响并不显著；而知识共享产生的自我效能、乐于助人等内在收益对用户的知识共享行为有显著正向影响。Yan et al.（2016）③对在线健康社区的知识共享行为进行了研究，结果显示自尊感、成员支持感知和声望对知识共享有积极影响，面子对特定知识共享有负向影响，对常识知识共享有正向影响，此外执行成本仅对常识知识共享有负向影响，认知成本仅对特定知识共享有负向影响。

社会网络分析（Social Network Analysis）方法综合了数学、图论以及计算机等学科的计量方法，可以测量、评估以及可视化虚拟社区成员之间的社会关系网络。社会网络分析方法的工具有很多，比如 Gephi，Pajek，Ucinet 等，通过对虚拟社区成员的网络结构进行量化分析，可以很好地揭示虚拟社区网络的结构特征对知识共享的影响状况。雷静（2012）④认为网络结构不仅对虚拟社区知识共享的数量有显著影响，而且对知识共享的质量也有显著影响。与之相同，Jiang et al.（2014）⑤认为虚拟社区的网络结构对知识共享有显著影响。近年来，国内采用社会网络分析法对虚拟社区知识共享的研究逐渐增多，祁凯和张子墨（2018）⑥运用社会网络分析法对科学网这一虚拟学术社区进行了研究，研究结果表明意见领袖在学术社区知识共享中承担着重要的作用。宋学峰等（2014）⑦以知乎社区"在线教育"话题为例，对网络基本属性、凝聚子群和中心性进行了详细分析，并据此提出了提升社交问答社区知识共享水平的策略。

虚拟社区成员之间的知识共享行为可以描述成基于特定博弈规则的双方或者多方的博

---

① Blau P M. Exchange and power in social life[M]. New York：John Wiley，1964：46.

② Kankanhalli A，Tan B C Y，Wei K K. Contributing knowledge to electronic knowledge repositories：an empirical investigation[J]. MIS Quarterly，2005，29(1)：113-143.

③ Yan Z，Wang T，Chen Y，et al. Knowledge sharing in online health communities：a social exchange theory perspective[J]. Information & Management，2016，53(5)：643-653.

④ 雷静. 基于社会网络的虚拟社区知识共享研究[D]. 上海：东华大学，2012.

⑤ Jiang，Guoyin，et al. Evolution of knowledge sharing behavior in social commerce：an agent-based computational approach[J]. Information Sciences，2014，278：250-266.

⑥ 祁凯，张子墨. 基于社会网络分析的虚拟学术社区知识共享研究[J]. 知识管理论坛，2018，3(6)：335-344.

⑦ 宋学峰，赵蔚，高琳，等. 社交问答网站知识共享的内容及社会网络分析[J]. 现代教育技术，2014，24(6)：70-77.

弈，从博弈论视角学者们的研究主要集中在虚拟社区成员知识共享演化均衡的影响因素。Jiang et al. (2014)构建了描述虚拟社区知识共享现象的演化博弈模型，并利用 NetLogo5.0 进行仿真，结果表明演化博弈的规则和网络结构对虚拟社区用户的知识共享程度有显著影响。张蕎(2014)①运用博弈论对不同信任水平下虚拟社区用户的知识共享策略进行了分析，研究结果表明当用户之间高度信任时，双方均选择知识共享策略是均衡策略，当用户之间信任程度很低时，双方均选择知识不共享策略是均衡策略。卢新元等(2020)②通过建立医生和患者知识共享的演化博弈模型，并运用 Matlab 进行仿真模拟，研究结果认为除知识收益外的正期望收益是用户积极参与知识共享的前提条件，影响医生参与在线健康社区知识共享的关键因素是给予医生的奖励、社区患者数量占比、声誉、执行成本等，影响患者参与在线健康社区知识共享的关键因素是情感支持、互惠、利他、认知成本和隐私顾虑。

（2）心理学视角的相关研究

心理学视角的研究主要包括社会认知理论视角、计划行为理论视角和信任理论视角。

社会认知理论(Social Cognitive Theory)由著名的社会心理学家 Bandura 提出，该理论用来解释社会学习过程，被广泛应用于个体行为研究。该理论认为人的行动是个体、行为以及环境三者之间交互作用形成的结果。Bandura(1986)③认为影响个体的认知因素包括自我效能和结果预期两个因素。Lee et al. (2006)④的研究结果显示缺乏知识自我效能感是用户不愿意与他人共享知识的主要原因。Hsu et al. (2007)⑤以社会认知理论模型为基础，研究了自我效能感、结果预期对虚拟社区知识共享的影响，实证研究结果表明两者均对知识共享呈显著正向影响。Zhou et al. (2014)⑥将社会认知理论的应用扩展到复杂环境中，通过研究虚拟社区内外交互如何影响用户的知识获取和知识共享的机制，发现自我效能感和结果预期起到了部分中介的作用。用社会认知理论研究虚拟社区知识共享，学者们主要是将自我效能感、结果预期和环境结合起来进行研究。

计划行为理论(Theory of Planned Behavior)是由 Ajzen 提出，其作为一种社会心理模

---

① 张蕎. 基于信任水平下的虚拟社区用户知识共享行为演化博弈分析[J]. 现代情报，2014，34(5)：161-165.

② 卢新元，代巧锋，王雪霖，等. 考虑医患两类用户的在线健康社区知识共享演化博弈分析[J]. 情报科学，2020，38(1)：53-61.

③ Bandura A. Social foundations of thought and action：a social cognitive theory[M]. Englewood Cliffs, NJ：Prentice-Hall，1986.

④ Lee M K O，Cheung C M K，Lim K H，et al. Understanding customer knowledge sharing in web-based discussion boards[J]. Internet Research，2006，16(3)：289-303.

⑤ Hsu M H，Ju T L，Yen C H，et al. Knowledge sharing behavior in virtual communities：the relationship between trust, self-efficacy, and outcome expectations[J]. International Journal of Human-Computer Studies，2007，65(2)：153-169.

⑥ Zhou J，Zuo M，Yu Y，et al. How fundamental and supplemental interactions affect users' knowledge sharing in virtual communities？A social cognitive perspective[J]. Internet Research，2014，24(5)：566-586.

型,用于检验某些变量与个体从事目标行为意图之间的关系。该理论认为个人的倾向控制着人们的行为、态度和主观规范,而知觉行为控制决定了人们的意图(Ajzen,1991)。①
Cho et al.(2010)②以维基百科为例说明了计划行为理论中的核心构念——动机和社会因素,研究人员发现,态度、知识自我效能感和一般互惠与知识共享意向呈现显著的正相关,利他主义与知识共享的态度呈正相关。同样的,Ho et al.(2011)③用计划行为理论对影响维基百科用户知识共享的因素进行了研究,结果表明,态度、主观规范和知觉行为控制对知识共享行为有直接影响,互惠预期和乐于助人与态度呈正相关,自我价值感和同伴影响与主观规范呈正相关,自我效能感、资源便利条件与知识共享的知觉行为控制呈正相关。熊淦和夏火松(2014)④通过计划行为理论对新浪微博社区中的浏览行为和回帖行为进行了研究,结果表明规范承诺对微博用户浏览行为有显著正向影响,持续承诺与主观规范对微博用户回帖行为均呈现显著正向影响,情感承诺与发帖行为显著正相关。总体来看,计划行为理论视角主要是探究态度、知觉行为控制和主观规范等因素对知识共享意愿和知识共享行为的影响。

由于信任是影响群体中个体行为决策的重要因素,因此很多学者将信任作为重要的前因变量来对虚拟社区用户的知识共享进行研究。以信任理论视角,学者们进行了大量的研究。Hsu et al.(2007)⑤将环境影响的信任划分为基于经济的信任、基于信息的信任和基于认同的信任,并探讨了三个维度的信任对知识共享的影响。Usoro et al.(2007)⑥将信任划分为基于能力的信任、基于正直的信任和基于仁慈的信任三个维度,探讨其对虚拟实践社区知识共享的影响,研究结果显示信任的三个维度与知识共享行为呈正相关,而且信任的维度之间相互支持。陈明红(2015)⑦将信任作为社会结构资本的一个要素,研究其对学术虚拟社区用户知识共享的影响,研究结果表明信任与知识共享意愿呈正相关。

① Ajzen, Icek. The theory of planned behavior[J]. Organizational Behavior & Human Decision Processes, 1991, 50(2): 179-211.

② Cho, H C, Chen, M H, Chung, S Y. Testing an integrative theoretical model of knowledge sharing behavior in the context of Wikipedia[J]. Journal of the American Society for Information Science and Technology, 2010, 61(6): 1198-1212.

③ HO, Shun-Chuan, et al. Knowledge-sharing intention in a virtual community: a study of participants in the Chinese Wikipedia[J]. Cyberpsychology, Behavior, and Social Networking, 2011, 14(9): 541-545.

④ 熊淦,夏火松. 组织承诺对微博社区成员知识共享行为的影响研究[J]. 情报杂志, 2014, 33(1): 128-134.

⑤ Hsu M H, Ju T L, Yen C H, et al. Knowledge sharing behavior in virtual communities: the relationship between trust, self-efficacy, and outcome expectations[J]. International Journal of Human-Computer Studies, 2007, 65(2): 153-169.

⑥ Usoro A, Sharratt M W, Tsui E, et al. Trust as an antecedent to knowledge sharing in virtual communities of practice[J]. Knowledge Management Research and Practice, 2007, 5(3): 199-212.

⑦ 陈明红. 学术虚拟社区用户持续知识共享的意愿研究[J]. 情报资料工作, 2015(1): 41-47.

（3）技术接受视角的相关研究

技术接受模型是由 Davis et al.（1989）①提出的，该模型从理性行为理论视角解释用户如何接受信息系统，并以感知有用性和感知易用性作为测量用户接受行为的主要因素。感知有用性是指用户对使用虚拟社区提高工作和学习绩效的主观判断，感知易用性是指用户对使用虚拟社区的容易程度作出的主观判断。赵宇翔（2011）②从技术接受视角研究了感知有用性和感知易用性对用户内容生成行为的影响。陈明红（2015）认为感知有用性和感知易用性均通过知识共享满意度对持续知识共享行为产生显著正向影响。Hung & Cheng（2016）③通过实证研究发现，感知有用性和感知易用性对虚拟社区用户的知识共享意愿有显著影响。总体来看，学者们前期研究大多将信息系统的相关要素直接引入虚拟社区用户知识共享的研究，但从未来的趋势来看，主要是对信息系统的理论模型修正或者引入新的研究变量，从而构建新的理论模型。

（4）复合理论视角的相关研究

人的行为具有复杂性，它是多种影响因素共同作用的结果，通过某一特定理论解释人的行为往往具有片面性。因此，学者们对虚拟社区知识共享的研究以两种或多种理论的整合为基础，从复合理论的视角研究虚拟社区知识共享成为当前的趋势。Pi et al.（2013）④在整合计划行为理论、社会交换理论和社会资本理论的基础上对 Facebook 团队成员知识共享的影响因素进行了研究。张敏等（2017）⑤通过整合理性行为理论、社会认知理论、社会交换理论和社会资本理论，对多个知名虚拟社区的知识共享进行了研究。彭昱欣等（2019）⑥通过整合动机理论和社会资本理论，对影响医学专业用户知识共享的因素进行了探讨。当前，从复合理论视角对虚拟社区知识共享的研究由最初的整合多种理论研究各个影响因素的直接效应逐渐演变成各个因素对知识共享间接影响机理的研究。

2.2.3　虚拟社区知识共享的影响因素

关于虚拟社区知识共享的影响因素，胡凡刚和鹿秀娥（2009）⑦对教育虚拟社区的知识

---

① Davis F D, Bagozzi R P, Warshaw P R. User acceptance of computer technology: a comparison of two theoretical models[J]. Management Science, 1989, 35(8): 982-1003.

② 赵宇翔. 社会化媒体中用户生成内容的动因与激励设计研究[D]. 南京：南京大学，2011.

③ Hung S W, Cheng M J. Are you ready for knowledge sharing? An empirical study of virtual communities[J]. Computers & Education, 2013, 56(62): 8-17.

④ Pi S M, Chou C H, Liao H L. A study of Facebook Groups members' knowledge sharing[J]. Computers in Human Behavior, 2013, 29(5): 1971-1979.

⑤ 张敏，唐国庆，张艳. 基于S-O-R范式的虚拟社区用户知识共享行为影响因素分析[J]. 情报科学，2017，35(11)：149-155.

⑥ 彭昱欣，邓朝华，吴江. 基于社会资本与动机理论的在线健康社区医学专业用户知识共享行为分析[J]. 数据分析与知识发现，2019，3(4)：63-70.

⑦ 胡凡刚，鹿秀娥. 教育虚拟社区知识共享影响因素实证分析[J]. 电化教育研究，2009(12)：20-25.

共享行为进行了实证分析，研究发现动力、知识和环境等因素是影响学生知识共享的主要因素。Kosonen(2009)①从个体动机、个人特征、技术属性和社会资本四个方面对影响虚拟社区知识共享的因素进行了概括。代宝等(2014)②将影响虚拟社区知识共享因素概括为用户自身因素和外部环境因素，其中用户自身因素分为心理动力因素和能力因素，外部环境因素分为社会影响因素、技术或知识属性因素等。万晨曦和郭东强(2016)③从行为、激励、管理和个体特征四个方面对虚拟社区知识共享影响因素进行了梳理。刘臻晖(2016)④从知识因素、组织因素、个体因素和技术因素四个方面对虚拟社区知识共享的因素进行了研究。蔡小筱等(2016)⑤从个人因素、人际因素、社区因素三个方面对影响虚拟学术社区知识共享因素的相关研究成果进行了梳理和总结。本书结合国内外学者们的研究成果，并以 Kosonen(2009)和代宝等(2014)的分类为依据，将虚拟社区知识共享影响因素分为心理动力因素、个体特征因素、技术和知识属性因素以及社会资本因素四类。

(1)心理动力因素

知识共享行为与人的心理状况密切相关，在对虚拟社区知识共享的研究中，个人动机、态度和结果期望等心理因素是学者们关注的重点，其中个人动机因素主要包括奖励、乐于助人、互惠、声望、利他、关系、获得有价值的资源等；态度主要包括虚拟社区用户知识共享的一般态度、满意度和承诺等；结果期望包括绩效期望和结果期望(个人和社区)。国内外相关研究成果如表 2.1 所示。

个人动机包括内在动机和外在动机。内在动机包括乐于助人及利他等，外在动机包括获得有价值的资源、声誉、地位以及奖励等。动机是人的一种心理状态，而实际行为是这种心理状态的结果。因此，动机是促进个体积极参与虚拟社区知识共享的必要条件。Lee et al.(2006)⑥研究发现乐于助人是影响顾客参与网络社区知识共享的主要因素。Wasko & Faraj(2005)⑦实证检验了个体动机对电子网络社区知识共享行为的影响，研究结果表明乐于助人和声誉对知识共享有正向影响。Kankanhalli et al.(2005)⑧的研究结果表明，知识

---

① Kosonen M. Knowledge sharing in virtual communities: a review of the empirical research [J]. International Journal of Web Based Communities, 2009, 5(2): 144-163.

② 代宝, 刘业政. 虚拟社区知识共享的实证研究综述[J]. 情报杂志, 2014, 33(10): 201-207.

③ 万晨曦, 郭东强. 虚拟社区知识共享研究综述[J]. 情报科学, 2016, 34(8): 165-170.

④ 刘臻晖. 教育虚拟社区知识共享机制研究[D]. 南昌: 江西财经大学, 2016.

⑤ 蔡小筱, 张敏, 郑伟伟. 虚拟学术社区知识共享影响因素研究综述[J]. 图书馆, 2016(6): 44-49.

⑥ Lee M K O, Cheung C M K, Lim K H, et al. Understanding customer knowledge sharing in web-based discussion boards[J]. Internet Research, 2006, 16(3): 289-303.

⑦ Wasko M M L, Faraj S. Why should I share? Examining social capital and knowledge contribution in electronic networks of practice[J]. MIS Quarterly, 2005, 29(1): 35-57.

⑧ Kankanhalli A, Tan B C Y, Wei K K. Contributing knowledge to electronic knowledge repositories: an empirical investigation[J]. MIS Quarterly, 2005, 29(1): 113-143.

共享自我效能感和乐于助人对电子知识用户的知识贡献行为有显著正向影响。石艳霞（2010）[①]对社会性网络服务虚拟社区的知识共享进行了研究，研究结果表明形象、互惠、社会关系以及获得知识增长是人们参与社区知识共享的主要动机。姜洪涛等（2008）[②]将组织公民行为理论和个性特征结合从而构建了影响虚拟社区知识共享的理论模型，通过实证研究发现积极的依附动机能够促进社区成员自发参与社区的知识共享。Lee & Jang（2010）[③]对推动在线知识论坛用户知识共享的动机进行了调查分析，研究结果表明更强的亲和力和自尊更有可能对开放的知识论坛作出贡献。Ma & Yuen（2011）[④]检验了依恋动机和关系承诺对在线知识共享行为的影响。刘蕤等（2012）[⑤]通过实证研究发现个人心理维度，即关系和争面子与虚拟社区成员知识共享意愿呈正相关。Zhang et al.（2017）[⑥]对在线健康社区的专业用户和一般用户的知识共享行为进行了对比调查，研究结果表明互惠和利他主义对专业人员和一般用户的知识共享意愿都有积极的影响，声誉和知识自我效能感对专业用户的知识共享意图的影响大于一般用户，而互惠、利他主义和移情等动机对在线健康社区一般用户知识共享意愿的影响大于专业用户。除此之外，学者们还对工具性动机、权利需要、成就需要、表达正面情绪动机、发泄负面情绪动机、内在自我概念动机、信息性动机、自我唯一动机等个人动机因素进行了研究。

个人和社区结果期望对虚拟社区知识共享的影响被认为是矛盾的，Chiu et al.（2006）[⑦]认为与社区有关的结果期望对知识共享的数量和质量有显著影响，而 Hsu et al.（2007）[⑧]的研究认为只有与个人有关的结果期望对知识共享有正向影响。Chiu et al.（2006）对研究成果进行了解释，他们认为在虚拟社区成功运营、生存和发展方面，与社区有关的结果期

① 石艳霞. SNS 虚拟社区知识共享及其影响因素研究[D]. 太原：山西大学，2010.

② 姜洪涛，邵家兵，许博. 基于 OCB 视角的虚拟社区知识共享影响因素研究[J]. 情报杂志，2008（12）：152-154.

③ Lee E J, Jang J W. Profiling good samaritans in online knowledge forums：effects of affiliative tendency, self-esteem, and public individuation on knowledge sharing[J]. Computers in Human Behavior, 2010, 26(6)：1336-1344.

④ Ma W W K, Yuen A H K. Understanding online knowledge sharing：an interpersonal relationship perspective[J]. Computers and Education, 2011, 56(1)：210-219.

⑤ 刘蕤，田鹏，王伟军. 中国文化情境下的虚拟社区知识共享影响因素实证研究[J]. 情报科学，2012, 30(6)：866-872.

⑥ Zhang X, Liu S, Deng Z, et al. Knowledge sharing motivations in online health communities：a comparative study of health professionals and normal users[J]. Computers in Human Behavior, 2017, 75：797-810.

⑦ Chiu C, Hsu M H, Wang E T G. Understanding knowledge sharing in virtual communities：an integration of social capital and social cognitive theories[J]. Decision Support Systems, 2006, 42 (3)：1872-1888.

⑧ Hsu M H, Ju T L, Yen C H, et al. Knowledge sharing behavior in virtual communities：the relationship between trust, self-efficacy, and outcome expectations[J]. International Journal of Human-Computer Studies, 2007, 65(2)：153-169.

望的显著性要大于与个人有关的结果期望。刘蕤等(2012)①使用结构方程模型检验了个人结果期望和社区结果期望对知识共享意愿的影响,从实证结果来看,个人结果期望与虚拟社区知识共享意愿呈显著正相关,但社区结果期望与虚拟社区知识共享意愿之间的关系没有得到验证。Tseng & Kuo(2014)②通过收集台湾地区最大的教师在线专业社区321名成员自我报告的知识共享行为,研究发现绩效期望在知识共享参与过程中承担着至关重要的作用。张鼐和周年喜(2010)③通过实证研究发现结果预期与虚拟社区用户知识共享行为呈现显著正向影响,但尚永辉等(2012)④通过问卷调查对虚拟社区用户的知识共享行为进行量化分析后,却发现结果预期与知识共享行为之间的影响并不显著,原因可能是由于人们参与知识共享的动机来自知识自身的机制,而不是获取收益。

态度对虚拟社区知识共享行为的影响也得到了很多学者的关注。Cheung & Lee(2007)⑤以虚拟专业社区——香港教育城市的用户为研究对象检验了满意对知识共享持续意向的影响,研究发现满意对用户知识共享有显著正向影响。石艳霞(2010)⑥以动机—机会—能力理论框架模型为基础,对影响社会性网络服务虚拟社区知识共享的因素进行了实证检验,检验表明态度对知识贡献和知识搜索都具有显著的正向影响。陈明红(2015)⑦则通过对学术虚拟社区的研究发现,满意度对持续知识共享行为产生显著正向影响。

表 2.1 影响虚拟社区知识共享的心理动力因素

类型	具体因素	相 关 文 献
个人动机	乐于助人	Lee et al.(2006);Wasko & Faraj(2005);Kankanhalli et al.(2005);石艳霞(2010);Yu et al.(2010);Hung, Lai & Chou(2015);Assegaff & urniabudi(2016);包凤耐,曹小龙(2014)
	利他	李志宏等(2009);Chang & Chuang(2011);赵越岷等(2010);Cho et al.(2010);Fang & Chiu(2010);彭昱欣,邓朝华,吴江(2019);张星等(2018);Zhang et al.(2017);Chen, Fan & Tsai(2014)

① 刘蕤,田鹏,王伟军. 中国文化情境下的虚拟社区知识共享影响因素实证研究[J]. 情报科学,2012,30(6):866-872.

② Tseng F C, Kuo F Y. A study of social participation and knowledge sharing in the teachers' online professional community of practice[J]. Computers & Education, 2014, 72:37-47.

③ 张鼐,周年喜. 虚拟社区知识共享行为影响因素的实证研究[J]. 图书馆学研究,2010(11):44-48.

④ 尚永辉,艾时钟,王凤艳. 基于社会认知理论的虚拟社区成员知识共享行为实证研究[J]. 科技进步与对策,2012,29(7):127-132.

⑤ Christy M. K. Cheung, Matthew K. O. Lee. What drives members to continue sharing knowledge in a virtual professional community? The role of knowledge self-efficacy and satisfaction[C]//Knowledge Science, Engineering and Management, Second International Conference, KSEM 2007, Melbourne, Australia, November 28-30, 2007, Proceedings. DBLP, 2007.

⑥ 石艳霞. SNS 虚拟社区知识共享及其影响因素研究[D]. 太原:山西大学,2010.

⑦ 陈明红. 学术虚拟社区用户持续知识共享的意愿研究[J]. 情报资料工作,2015(1):41-47.

类型	具体因素	相 关 文 献
个人动机	权力、亲和和成就需求	杨艳(2008);刘丽群,宋咏梅(2007)
	声望、形象、追求时尚、面子	Wasko & Faraj(2005);Chang & Chuang(2011);赵越岷等(2010);Cho et al. (2010);Wang & Fesenmaier(2004);石艳霞(2010);Lee & Jang(2010);刘蕤等(2012);包凤耐,曹小龙(2014);彭昱欣,邓朝华,吴江(2019);Yan et al. (2016);Hung, Lai & Chou(2015);杨陈,唐明凤,花冰倩(2017);Tamjidyamcholo et al. (2014);Zhang et al. (2017);Assegaff & Kurniabudi(2016)
	亲和、依恋移情社会关系	石艳霞(2010);Ma & Yuen(2011);Lee & Jang(2010);姜洪涛等(2008);孙康,杜荣(2010)
	互惠、奖励	Kankanhalli et al. (2005);Wang & Fesenmaier(2004);赵越岷等(2010);石艳霞(2010);王楠,陈详详,陈劲(2019);陈明红(2015);Choi & Ahn(2019);Hung, Lai & Chou(2015)
	其他动机	工具性动机(Wang & Fesenmaier2004);内在自我概念动机(Yang & Lai,2010);信息性动机(徐美凤,叶继元,2011);表达正面情绪动机、发泄负面情绪动机(赵越岷等,2010);自我唯一性动机(Lee & Jang,2010)
期望	与个人相关结果期望	Chiu et al. (2006);Hsu et al. (2007);李志宏等(2009);刘蕤等(2012);胡昌平,万莉(2015);温馨,杨萌柯,王雷(2018);张敏,唐国庆,张艳(2017)
	与社区相关结果期望	Chiu et al. (2006);Hsu et al. (2007);李志宏等(2009);刘蕤等(2012)
	结果期望	张霈,周年喜(2010);尚永辉等(2012);Zhou et al. (2014)
	绩效期望	Tseng & Kuo(2014);吴士健,刘国欣,权英(2019)
态度	态度	王飞绒等(2008);Chen & Chen(2009);Cho et al. (2010);石艳霞(2010);孙康,杜荣(2010)
	满意度	Cheung & Lee(2007);石艳霞(2010);Tsai & Pai(2013);陈明红(2015)

（2）个人特征因素

自我效能感是指对一个人组织和执行特定类型任务的能力的判断，属于能力范畴。自我效能感对虚拟社区的知识共享是学者们研究的热点，Lee et al.（2006）[1]研究结果显示缺乏知识自我效能感是顾客不愿进行知识共享的主要原因，Hsu et al.（2007）[2]通过实证研究发现自我效能感对虚拟社区知识共享有显著的正向影响。徐美凤和叶继元（2011）[3]则将学术虚拟社区的成员划分为自然科学成员和社会科学成员，研究结果显示对自然科学社区成员而言，知识分享自我效能感是其主动发帖和参与话题讨论的主要原因，对人文社科社区成员而言，知识分享自我效能感是其参与话题讨论的主要原因。除了自我效能感，其他能力因素也成为学者们研究的对象，Lin et al.（2009）[4]基于社会认知理论对影响专业虚拟社区知识共享行为的因素进行了研究，研究发现知识自我效能感、感知相容性和感知相对优势对知识共享行为有显著影响。Yan et al.（2016）[5]通过对在线健康社区成员的调查研究发现，成员感知的社会支持和自我价值感对健康社区一般知识和特定知识共享有正向影响。此外，学者们还对人格特质、领先用户、习惯、创新性等个人特征因素进行了研究。Yoo & Gretzel（2011）[6]研究了驱动旅行者从事消费者生成媒体的使用与创建的原因，研究结果表明人格特征对内容创作的感知障碍、参与消费者生成媒体的创作动机和创作行为有显著的影响。Yuan et al.（2016）[7]的研究结果显示成员创新性和主观知识对在线旅游社区知识共享行为有显著影响。王楠等（2019）[8]对在线社区领先用户特征与知识共享的数量和质量进行了探讨，研究结果表明领先用户特征对知识共享的数量和质量均呈现显著正向影响。影响虚拟社区知识共享的个人特征因素的相关研究成果如表 2.2 所示。

---

① Lee M K O, Cheung C M K, Lim K H, et al. Understanding customer knowledge sharing in web-based discussion boards[J]. Internet Research, 2006, 16(3)：289-303.

② Hsu M H, Ju T L, Yen C H, et al. Knowledge sharing behavior in virtual communities：the relationship between trust, self-efficacy, and outcome expectations[J]. International Journal of Human-Computer Studies, 2007, 65(2)：153-169.

③ 徐美凤, 叶继元. 学术虚拟社区知识共享行为影响因素研究[J]. 情报理论与实践, 2011, 34(11)：72-77.

④ Lin M J J, Hung S W, Chen C J. Fostering the determinants of knowledge sharing in professional virtual communities[J]. Computers in Human Behavior, 2009, 25(4)：929-939.

⑤ Yan Z, Wang T, Chen Y, et al. Knowledge sharing in online health communities：a social exchange theory perspective[J]. Information & Management, 2016, 53(5)：643-653.

⑥ Yoo K H, Gretzel U. Influence of personality on travel-related consumer-generated media creation[J]. Computers in Human Behavior, 2011, 27(2)：609-621.

⑦ Yuan D, Lin Z, Zhuo R. What drives consumer knowledge sharing in online travel communities? Personal attributes or e-service factors？[J]. Computers in Human Behavior, 2016, 63：68-74.

⑧ 王楠, 张士凯, 赵雨柔, 等. 在线社区中领先用户特征对知识共享水平的影响研究：社会资本的中介作用[J]. 管理评论, 2019, 31(2)：82-93.

表 2.2　影响虚拟社区知识共享的个人特征因素

类型	具体因素	相 关 文 献
能力	自我效能	Lee et al.（2006）；Cheung & Lee（2007）；Hsu et al.（2007）；张瞷，周年喜（2010）；刘蕤等（2012）；尚永辉等（2012）；Tseng & Kuo（2014）；王贵，李兴保（2010）；赵越岷等（2010）；杨艳（2008）；胡昌平，万莉（2015）；王楠等（2019）；张星等（2018）；Yilmaz（2016）；Zhou et al.（2014）
	知识分享自我效能	Lin，Hung & Chen（2009）；Chen & Hung（2010）；成全（2012）；Chen & Chen（2009）；徐美凤，叶继元（2011）；Cho，Chen & Chung（2010）；Hsu et al.（2007）；Zhang et al.（2017）；Hung，Lai & Chou（2015）
其他	认知因素	感知相容性（Lin，Hung & Chen，2009）；感知相对优势（Lin，Hung & Chen，2009；Chen & Hung，2010）；感知趣味性（Chiu，Hsu & Wang，2011）；感知行为控制（王飞绒等，2008）；感知关系资本激活程度（田雯，2011）；心理安全感（Zhang，Fang & Wei，2010）；积极自我价值失验感（Chiu，Hsu & Wang，2011）；感知社会支持，自我价值感（Yan et al.，2016）；虚拟社区感知（Wang & Hung，2019）
	习惯	赵越岷等（2010）
	人格特质	Yoo & Gretzel（2011）
	个性化	Lee & Jang（2010）
	创新性和主观知识	Yuan et al.（2016）
	领先用户	王楠，张士凯，赵雨柔等（2019）

（3）技术和知识性因素

技术因素是促进虚拟社区知识共享的重要因素。Yoo，Suh & Lee（2002）[①]认为技术因素主要指的是信息系统的质量，包括系统质量和所生成信息的质量，其中系统质量主要包括速度、可靠性、用户界面友好性、功能性和修复性等。Lee et al.（2006）[②]认为技术因素主要包括社会交互支持（如反馈和提示）、信息设计（可理解性）、导航和访问的易用性（如相应时间和下载速度）。更为重要的是，社区还必须谨慎处理成员的数据信息并保护其隐私。通常情况下，虚拟社区网站管理涉及社区管理的规则和政策、成员的角色和行为、奖励体系等因素，这将会对成员知识共享的动机和互动模式产生重大影响。具体来看，

① Yoo W S, Suh K S, Lee M B. Exploring the factors enhancing member participation in virtual communities[J]. Journal of Global Information Management（JGIM），2002，10（3）：55-71.

② Lee M K O, Cheung C M K, Lim K H, et al. Understanding customer knowledge sharing in web-based discussion boards[J]. Internet Research, 2006, 16（3）：289-303.

Sharratt & Usoro(2003)[①]认为信息技术不再仅仅被视为知识管理中的一个存储库，同时也是重要的协作工具，为了充分发挥在线社区的潜力，必须了解支持成员决定在社区内的分享知识影响机制，研究发现信息系统感知有用性和感知易用性是影响成员知识共享的重要因素。除了技术因素外，知识因素也是影响虚拟社区知识共享的重要因素，Yu et al. (2010)[②]主要分析了信息有用、相关性对网络博客用户知识共享的影响。温馨、杨萌和王雷(2018)[③]以专家打分为基础，运用 DEMEATEL 方法构建因素关系网络图，最终以 DANP 方法确定各因素的权重，结果发现知识效用、知识质量是影响虚拟社区知识共享的两个关键因素。常亚平和董学兵(2014)[④]将虚拟社区消费信息内容划分为相关性、客观性、可靠性、趣味性和时效性等维度，通过实证检验发现消费信息的客观性、时效性和趣味性对知识共享行为有正向影响。影响虚拟社区知识共享的技术和知识性因素的相关研究成果如表2.3所示。

表 2.3　影响虚拟社区知识共享的技术和知识性因素

类型	具体因素	相 关 文 献
技术因素	感知有用性	石艳霞(2010)；Sharratt & Usoro(2003)；许筠芸，陆贤彬(2013)；陈明红(2015)；Chen，Fan & Tsai(2014)；Yuan et al. (2016)
	感知易用性、便利条件、平台易用性	赵宇翔（2011）；Sharratt & Usoro（2003）；吴士健，刘国欣，权英(2019)；李颖，肖珊(2019)；温馨，杨萌柯，王雷(2018)；严贝妮，叶宗勇(2017)；陈明红(2015)；Yuan et al. (2016)
态度	感知易用性、便利条件、平台易用性	Hung，Lai & Chou(2015)；Tamjidyamcholo et al. (2014)；Chen，Fan & Tsai(2014)
	感知响应性	Ridings et al. (2002)
	可用性	Phang et al. (2009)；温馨，杨萌柯，王雷(2018)；严贝妮，叶宗勇(2017)；Hung，Lai & Chou(2015)
	社交性、互动性	Phang et al. (2009)；李颖，肖珊(2019)；严贝妮，叶宗勇(2017)；Tamjidyamcholo et al. (2014)

① Sharratt M, Usoro A. Understanding knowledge-sharing in online communities of practice[J]. Electronic Journal on Knowledge Management, 2003, 1(2): 187-196.

② Yu T K, Lu L C, Liu T F. Exploring factors that influence knowledge sharing behavior via weblogs[J]. Computers in Human Behavior, 2010 (26) : 32-41.

③ 温馨，杨萌柯，王雷. 基于 DANP 方法的虚拟社区知识共享关键影响因素识别研究[J]. 现代情报, 2018, 38(12): 57-64, 69.

④ 常亚平，董学兵. 虚拟社区消费信息内容特性对信息分享行为的影响研究[J]. 情报杂志, 2014, 33(1): 201-208.

续表

类型	具体因素	相 关 文 献
知识性因素	信息性	Tsai & Pai(2013)
	信息有用、相关性、知识质量、知识效用	Yu et al.（2010）；温馨，杨萌柯，王雷(2018)
	信息内容特性	常亚平，董学兵(2014)

（4）社会资本因素

除了心理动力、个人特征、技术和知识性因素有助于促进虚拟社区知识共享，社会资本的因素也不可忽视。社会资本存在于人与人的关系中，Wasko & Faraj（2005）[①]认为社会资本由结构资本、关系资本和认知资本三个维度组成。社会资本理论涵盖范围很广，涉及虚拟社区的各种问题，如社会交互联系、主观规范、互惠规范、信任、承诺、共同语言等。当前，许多关于虚拟社区的研究关注技术基础设施，这可以使虚拟社区用户更加容易找到彼此，并能够通过网络联系实现便捷的沟通与合作，但仅仅关注结构资本还不够，还要考虑认知资本和关系资本（Wasko & Faraj，2005；Chiu et al.，2006[②]）。社会群体相互理解的能力越高，其成员越倾向于分享知识，相应地，规范、信任、互惠等关系资本也很有可能促进人们参与虚拟社区知识共享（Wasko & Faraj，2005）。影响虚拟社区知识共享的社会资本因素的相关研究成果详见表2.4。

表2.4　影响虚拟社区知识共享的社会资本因素

类型	具体因素	相 关 文 献
结构资本	社会交互联系	Chiu et al.（2006）；Tseng & Kuo（2014）；周涛，鲁耀斌（2008）；Chang & Chuang（2011）；Chen & Chen（2009）；Hau & Kim（2011）；许林玉，杨建林（2019）；陈明红，漆贤军（2014）；彭昱欣，邓朝华，吴江（2019）；陈明红（2015）
	中心性	Wasko & Faraj（2005）；包凤耐，曹小龙（2014）；Pi & Cai（2018）
	其他	熟悉度（Zhao et al.，2012）；人际互动（杨陈等，2017）

---

① Wasko M M L, Faraj S. Why should I share? Examining social capital and knowledge contribution in electronic networks of practice[J]. MIS Quarterly，2005，29（1）：35-57.

② Chiu C, Hsu M H, Wang E T G. Understanding knowledge sharing in virtual communities：an integration of social capital and social cognitive theories[J]. Decision Support Systems，2006，42（3）：1872-1888.

续表

类型	具体因素	相 关 文 献
结构资本	信任	Chiu et al.（2006）；Hsu et al.（2007）；Lin et al.（2009）；Chen & Hung（2010）；李志宏等（2009）；徐美凤，叶继元（2011）；周涛，鲁耀斌（2008）；Chang & Chuang（2011）；Zhao et al.（2012）；成全（2012）；王贵，李兴保（2010）；徐小龙，王方华（2007）；Ridings et al.（2002）；Sharratt & Usoro（2003）；Usoro et al.（2007）
态度	信任	姜洪涛等（2008）；Chai & Kim（2010）；Zhang et al.（2010）；Fang & Chiu（2010）；Wang & Wei（2011）；徐美凤（2011）；周军杰，左美云（2011）；孙康，杜荣（2010）；邓灵斌（2019）；许林玉，杨建林（2019）
关系资本	互惠规范、主观规范、群体规范	Chiu et al.（2006）；Lin et al.（2009）；Chen & Hung（2010）；徐美凤，叶继元（2011）；Wasko & Faraj（2005）；王飞绒等（2008）；Chang & Chuang（2011）；Chen & Chen（2009）；Cho et al.（2010）；周涛，鲁耀斌（2008）；熊澄，夏火松（2014）；周涛，鲁耀斌（2009）；胡昌平，万莉（2015）；陈明红，漆贤军（2014）；彭昱欣，邓朝华，吴江（2019）；张敏，唐国庆，张艳（2017）；Liao（2017）
	社会地位	Yilmaz（2016）
	身份认同	许林玉，杨建林（2019）；包凤耐等（2014）；吴士健等（2019）
	成员感	徐长江，于丽莹（2015）
	社区认同	Chiu et al.（2006）；Tseng & Kuo（2014）；徐美凤，叶继元（2011）；周涛，鲁耀斌（2008）；Chang & Chuang（2011）；刘丽群，宋咏梅（2008）；周军杰，左美云（2011）；Wang & Wei（2011）；周涛，鲁耀斌（2009）；Tsai & Pai（2013）；彭昱欣，邓朝华，吴江（2019）；Liao（2017）
	社区归属感	张甫，周年喜（2010）；Zhao et al.（2012）；赵越岷等（2010）；Cho et al.（2010）；Sharratt & Usoro（2003）；姜洪涛等（2008）；孙康，杜荣（2010）；吴士健，刘国欣，权英（2019）
	承诺	Wasko & Faraj（2005）；熊澄，夏火松（2014）；Ma & Yuen（2011）
认知资本	共享语言	Chiu et al.（2006）；周涛，鲁耀斌（2008）；Chang & Chuang（2011）；包凤耐，曹小龙（2014）；陈明红，漆贤军（2014）；陈明红（2015）
	共享愿景、共享目标	Chiu et al.（2006）；周涛，鲁耀斌（2008）；许林玉，杨建林（2019）；包凤耐，曹小龙（2014）；王楠，张士凯，赵雨柔，陈劲（2019）；彭昱欣，邓朝华，吴江（2019）；陈明红，漆贤军（2014）

续表

类型	具体因素	相 关 文 献
认知资本	感知相似性	Zhao et al.（2012）；刘丽群，宋咏梅（2008）
	共享价值观	Lin et al.（2009）；Sharratt & Usoro（2003）
	社区氛围	尚永辉等（2012）；王贵，李兴保（2010）；徐小龙，王方华（2007）；Yu et al.（2010）；温馨，杨萌柯，王雷（2018）
	公平感社区公平	Fang & Chiu（2010）；Chiu et al.（2011）；严贝妮，叶宗勇（2017）

　　虚拟社区用户结构性社会资本要素主要包括社会交互联系、中心性和熟悉性等。Wasko & Faraj（2005）[1]的研究结果显示虚拟社区用户的中心性对其知识贡献行为有显著正向影响。Chang & Chuang（2011）[2]认为虚拟社区用户的社会交互联系对知识共享质量有显著正向影响，但对知识共享数量的影响不显著。Chiu et al.（2006）[3]、陈明红和漆贤军（2014）[4]的研究结果则与之不同，他们认为社会交互联系是结构性社会资本的核心，对虚拟社区用户知识共享的数量有显著正向影响，但对知识共享的质量影响不明显。Hau & Kim（2011）[5]研究发现社会交互联系对虚拟游戏社区的知识共享产生负向影响，这主要取决于用户是创新者还是非创新者。Zhao et al.（2012）[6]研究发现虚拟社区成员的熟悉度与归属感呈正相关，进而对知识获取和共享行为产生影响。

　　虚拟社区用户关系性社会资本因素主要包括互惠规范、主观规范、信任、社区认同和承诺等。Wasko & Faraj（2005）研究表明互惠与知识共享的数量呈负相关，而 Chiu et al.（2006）的研究结论与之不同，他们发现互惠对知识共享数量有显著正向影响，但对互惠和知识共享质量的关系，两者达成了共识，他们都认为互惠对知识共享质量的影响并不显

---

[1]　Wasko M M L, Faraj S. Why should I share? Examining social capital and knowledge contribution in electronic networks of practice[J]. MIS Quarterly, 2005, 29(1): 35-57.

[2]　Chang H H, Chuang S S. Social capital and individual motivations on knowledge sharing: participant involvement as a moderator[J]. Information & Management, 2011, 48(1): 9-18.

[3]　Chiu C, Hsu M H, Wang E T G. Understanding knowledge sharing in virtual communities: an integration of social capital and social cognitive theories[J]. Decision Support Systems, 2006, 42(3): 1872-1888.

[4]　陈明红，漆贤军. 社会资本视角下的学术虚拟社区知识共享研究[J]. 情报理论与实践, 2014, 37(9): 101-105.

[5]　Hau Y S, Kim Y G. Why would online gamers share their innovation-conducive knowledge in the online game user community? Integrating individual motivations and social capital perspectives[J]. Computers in Human Behavior, 2011, 27(2): 956-970.

[6]　Zhao L, Lu Y B, Wang B, et al. Cultivating the sense of belonging and motivating user participation in virtual communities: a social capital perspective[J]. International Journal of Information Management, 2012, 32(6): 574-588.

著。Chang & Chuangc(2011)、陈明红和漆贤军(2014)等则认为互惠对知识共享的质量和数量均存在显著正向影响。由于沟通的公开性和透明性，虚拟社区的信任关系可以在没有任何直接互动与沟通的情况下建立。虚拟社区的个体和陌生人群体最先建立信任，从而在社区中形成积极的知识共享结果。随着时间的推移，信任在虚拟社区成员之间不断加强，特别是出于对其他成员能力的信任，从而对通过虚拟社区获取知识和信息的意愿产生积极影响。Hsu et al.（2007）①认为，人们由于频繁的情感互动而产生信任，并表达对彼此的关注和关心。Usoro et al.（2007）②则强调诚信为本的信任，并认为这种信任源于社会集体过去的行为，并表现为成员之间的信任、社区声誉的可信度以及社区成员行为一致性的社区文化价值观。邓灵斌（2019）③则将科研人员对虚拟学术社区的信任划分为对成员的情感信任、对成员品行的信任、对成员知识共享能力的信任、对社区管理人员的信任和对学术社区系统的信任五个维度，研究结果表明，除了对社区管理人员的信任对知识共享的影响没有得到支持外，其他信任均对知识共享行为有显著影响。除了信任，认同也得到了很多学者的关注，认同是指个人对虚拟社区的归属感和认同感。Chiu et al.（2006）④研究结果表明认同是维持社区成员之间社会关系的主要驱动力，它能够促进知识共享和社区成员团结，具体来看，认同对知识共享数量产生积极影响，同时通过信任中介对知识共享质量产生间接影响。吴士健等（2019）⑤研究表明虚拟社区成员的归属感和身份认同正向影响知识共享意愿。还有的学者对承诺进行了研究，Ma & Yuen(2011)⑥以研究生为调查对象对在线社区知识共享行为进行研究，结果表明承诺对知识共享有显著的正向影响。

影响虚拟社区用户知识共享的认知性社会资本要素主要包括共同语言、共同价值观、公平感和共享文化等。Chiu et al.（2006）③实证研究了共享语言、共享愿景对虚拟社区知识共享的影响，研究发现共享语言和共享愿景对知识共享的质量有显著正向影响，但是共享语言对知识共享的数量影响并不显著，而共享愿景对知识共享的数量有显著负向影响，

① Hsu M H, Ju T L, Yen C H, et al. Knowledge sharing behavior in virtual communities: the relationship between trust, self-efficacy, and outcome expectations[J]. International Journal of Human-Computer Studies, 2007, 65(2): 153-169.

② Usoro A, Sharratt M W, Tsui E, et al. Trust as an antecedent to knowledge sharing in virtual communities of practice[J]. Knowledge Management Research and Practice, 2007, 5(3): 199-212.

③ 邓灵斌. 虚拟学术社区中科研人员知识共享意愿的影响因素实证研究: 基于信任的视角[J]. 图书馆杂志, 2019, 38(9): 63-69, 108.

④ Chiu C, Hsu M H, Wang E T G. Understanding knowledge sharing in virtual communities: an integration of social capital and social cognitive theories[J]. Decision Support Systems, 2006, 42 (3): 1872-1888.

⑤ 吴士健, 刘国欣, 权英. 基于 UTAUT 模型的学术虚拟社区知识共享行为研究: 感知知识优势的调节作用[J]. 现代情报, 2019, 39(6): 48-58.

⑥ Ma W W K, Yuen A H K. Understanding online knowledge sharing: an interpersonal relationship perspective[J]. Computers and Education, 2011, 56(1): 210-219.

这也充分说明了用户更多的是关心知识共享的质量。Chang & Chuang(2011)①研究表明共享语言对知识共享的数量和质量有显著正向影响,陈明红和漆贤军(2014)②则认为共享语言和共享意愿对学术虚拟社区知识共享的数量和质量都有显著正向影响。Hau & Kang (2016)③通过实证研究发现领先用户的共享目标对在线顾客社区的创新知识共享有显著正向影响。Yu et al. (2010)④研究发现共享文化对博客用户知识共享行为有显著正向影响。Chiu et al. (2011)⑤基于期望一致理论和公平理论对虚拟社区知识共享进行了研究,结果发现分配公平和交互公平通过中介变量满意影响成员持续知识共享。除此之外,学者们还探讨了社区氛围、社区公平、感知相似性等因素对知识共享的影响。

2.2.4　虚拟社区知识共享研究述评

对虚拟社区知识共享研究的理论视角不断丰富,学者们以技术接受理论、社会认知理论、社会资本理论、社会交换理论、计划行为理论、社会网络理论、博弈论等理论为基础,并从心理动力、个人特征、技术和知识性、社会资本四个方面对影响虚拟社区知识共享的因素进行了研究,取得了丰硕的研究成果,但从虚拟社区的发展状况以及研究现状来看,对虚拟社区知识共享的研究仍然有很大的空间,具体来看:

(1)从研究对象上来看,关注的重点是移动虚拟社区和新兴主题社区。比如健康社区、食品安全社区、专业众包社区等(张蒙等,2017)。⑥ 尤其是对众包社区知识共享进行研究的文献很少,学者们没有注意到众包社区用户的知识共享行为对解决众包发起者的难题和促进企业创新等的积极作用,众包社区用户的知识共享行为有助于众包发起者形成高质量的解决方案和创新创意。

(2)从研究视角上,学者们从心理学、社会学、博弈论等学科出发对虚拟社区知识共享展开了大量的研究。但单一的研究视角往往缺乏系统性,比如社会网络分析视角更多关

① Chang H H, Chuang S S. Social capital and individual motivations on knowledge sharing: participant involvement as a moderator[J]. Information & Management, 2011, 48(1): 9-18.

② 陈明红,漆贤军. 社会资本视角下的学术虚拟社区知识共享研究[J]. 情报理论与实践, 2014, 37(9): 101-105.

③ Hau, Yong Sauk, Kang, Minhyung. Extending lead user theory to users' innovation-related knowledge sharing in the online user community: The mediating roles of social capital and perceived behavioral control[J]. International Journal of Information Management, 2016, 36(4): 520-530.

④ Yu T K, Lu L C, Liu T F. Exploring factors that influence knowledge sharing behavior via weblogs[J]. Computers in Human Behavior, 2010 (26): 32-41.

⑤ Chiu C M, Hsu M H, Wang E T G. Understanding knowledge sharing in virtual communities: an integration of expectancy disconfirmation and justice theories[J]. Online Information Review, 2011, 35(1): 134-153.

⑥ 张蒙,刘国亮,毕达天. 多视角下的虚拟社区知识共享研究综述[J]. 情报杂志, 2017, 36(5): 175-180.

注的是结构性社会资本对知识共享的影响，这只能在一定程度上揭示虚拟社区知识共享内在机理，因此未来的研究应通过整合多种研究视角，对虚拟社区知识共享背后复杂的影响机理进行阐释。

（3）从研究内容上，更多的是关注了动机、技术和社会资本因素对知识共享的影响。但由于虚拟社区的特点，对社区用户心理因素的关注应该得到重视，但当前对基于用户心理和情感体验的研究还比较少。因此，从用户心理和情感体验出发研究虚拟社区的知识共享是一个热点方向。

（4）现有虚拟社区知识共享研究大多是横向研究，而社区知识共享是随着时间的推进不断发展演化的。因此，未来可以进行纵向研究或者纵横结合的研究。

2.3 众包社区知识共享研究现状

2.3.1 众包社区知识共享内涵

众包社区是虚拟社区的一种特殊形式，不仅有虚拟社区的共性，而且具有自己的特征。众包社区知识共享的显著特征是社区用户不仅将知识共享给其他的社区用户，而且是将自己的知识分享给众包发起者。关于众包社区知识共享的内涵，学者们并没有进行科学的界定，本书结合虚拟社区知识共享的内涵，认为众包社区知识共享是众包社区用户借助众包平台通过与其他用户或众包发起者的持续沟通与互动，将自己拥有的知识转移并扩散给需求方，最终实现知识创新的过程。

2.3.2 众包社区知识共享的研究现状

目前，将众包社区作为研究对象对知识共享进行研究的相关文献比较少。Yang et al. (2008)[1]对我国著名的众包平台——任务中国的用户特征进行了研究，研究发现社区用户参与几次之后热情下降，倾向于选择竞争小和预期回报高的任务，但往往赢得任务的是核心用户，这为众包社区的模式设计提供了依据。Kosonen et al. (2014)[2]研究了信任倾向、内在动机和外在动机如何驱动个体在创意众包中的知识共享意向，结果表明社会价值和学习价值两个内在动机是驱动知识共享意向的主要因素，此外，公司的认可也会影响知识共享的意向。Martinez(2015)[3]基于工作投入理论和工作设计理论构建了研究框架，研究结

---

[1] Yang J, Adamic L A, Ackerman M S. Crowdsourcing and knowledge sharing: strategic user behavior on Taskcn[C]//Proceedings 9th ACM Conference on Electronic Commerce (EC-2008), Chicago, IL, USA, June 8-12, 2008. ACM, 2008.

[2] Kosonen, Miia, et al. User motivationcand knowledge sharing in idea crowdsourcing[J]. International Journal of Innovation Management, 2014, 18.05: 1450031.

[3] Martinez, Marian Garcia. Solver engagement in knowledge sharing in crowdsourcing communities: exploring the link to creativity. Research Policy, 2015, 44(8): 1419-1430.

果表明众包社区投入的精力越集中和持续，贡献的创造力和质量就越高。Heo & Toomey (2015)[1]探究了众包环境下个体动机对知识共享的影响，发现外部干预能够提高社区成员知识共享的意愿。Kosonen et al. (2013)[2]研究了来自众包社区的感知支持与用户知识共享意向之间的关系，结果表明社区支持、技术支持和知识支持对知识共享有显著影响。我国学者郝琳娜、侯文华和郑海超(2016)[3]从发包方的视角对众包竞赛虚拟社区知识共享行为进行了研究，研究结果证明知识共享可以达成发包方和解答者的双赢。姜鑫(2017)[4]则基于关系嵌入视角构建了众包社区知识共享影响机制的模型，研究结果表明奖赏激励、任务导向和兴趣参与对众包社区的知识共享有正向影响。洪武军(2019)[5]运用扎根理论、动态决策模型和神经网络等方法对众包社区用户持续知识共享行为的控制策略进行了探究。卢新元等(2019)[6]采用定性比较分析法，分别对高程度知识贡献和低程度知识贡献众包社区成员的知识共享行为进行了分析，并以此为依据提出了促进众包社区知识共享的策略。朱宾欣等(2020)[7]运用博弈论方法分析了解答者公平关切敏感度对知识共享激励的影响程度，研究结果表明解答者的公平关切敏感度对发包方的激励意愿、知识共享线性激励程度、解答者解答努力程度都有正向影响，而对知识共享努力程度有负向影响。

2.3.3 众包社区知识共享研究述评

从当前研究来看，对众包社区用户的研究是学者们关注的热点问题，国内外学者对众包社区用户的个人特征、心理动力、社会资本等因素对众包参与行为的影响进行了大量研究。但通过对现有文献的梳理来看，对众包社区用户知识共享的参与行为研究较少，很少有学者关注知识共享对发包方困难问题解决和创新产生的积极作用，因此，研究众包社区用户的知识共享具有理论和现实意义。此外，虽然学者们从多个视角对虚拟社区的知识共享进行了大量研究，为众包社区知识共享的研究提供了很多借鉴，但毕竟众包社区有自己的特征，参与众包社区的群体往往是基于公平偏好、利他偏好的有限理性的个体，因此以

① Heo, Misook, Toomey, et al. Motivating continued knowledge sharing in crowdsourcing[J]. Online Information Review, 2015, 39(6).

② Kosonen M, Gan C, Olander H, et al. My idea is our idea! Supporting user-driven innovation activities in crowdsourcing communities[J]. International Journal of Innovation Management, 2013, 17(3).

③ 郝琳娜, 侯文华, 郑海超. 基于众包竞赛的虚拟社区内知识共享行为[J]. 系统工程, 2016, 34(6): 65-71.

④ 姜鑫. 关系嵌入视角下众包社区用户的知识共享机制研究[D]. 锦州: 渤海大学, 2017.

⑤ 洪武军. 虚拟社区感对众包社区用户知识共享的影响研究[D]. 南昌: 江西师范大学, 2019.

⑥ 卢新元, 王雪霖, 代巧锋. 基于fsQCA的竞赛式众包社区知识共享行为构型研究[J]. 数据分析与知识发现, 2019, 3(11): 60-69.

⑦ 朱宾欣, 马志强, Leon Williams, 等. 考虑解答者公平关切的众包竞赛知识共享激励[J]. 系统管理学报, 2020, 29(1): 73-82.

社会偏好理论为基础对众包社区知识共享参与行为及实现机制进行研究具有很强的学术价值。

2.4 社会偏好理论

2.4.1 基于有限理性的行为经济学

行为经济学是将行为分析理论、经济运行规律、心理学以及经济学有机结合起来，旨在发现传统经济学模型中存在的问题，进而修正主流经济学中关于人的行为是理性的、自利的、追求效用最大化及偏好异质等基本假设存在的不足。行为经济学起源于 20 世纪 70 年代，随着 2002 年行为经济学家丹尼尔·卡恩曼(Daniel Kahneman)获得诺贝尔经济学奖，行为经济学才真正开始展现出学术地位以及广阔的研究前景。梳理行为经济学发展历程，发现具有重大影响的研究成果是行为经济学之父 Thaler(1980)[①]提出的心理账户理论，该理论认为，由于"锚定心理"的存在，使得相同的人在不同情况下对待等量货币的方式不同，即人的很多非理性的消费行为是由于心理账户的差异产生的，这一观点和传统经济学所认为的"等量的货币价值是相等"的观点是不同的。随后，Tversky & Kahneman(1981)[②]提出了前景理论，该理论是对期望效用理论的发展，主要贡献在于对人们风险条件下的经济行为描述更加准确，能够解释很多传统经济学无法解决的问题。Rabin(1998)[③]则认为人类经济行为的动机不仅仅是出于自利，同时也会受到观念、情感、社会目标等因素的影响，由于自我约束的限制，人们往往会出现偏好的转变等行为。Poundstone(2011)[④]认为人们的偏好并不是明确的，人们的决定跟提供备选方案的方式密切相关。我国学者对中国情境下的行为经济学研究始于 2006 年，贺京同和那艺(2007)[⑤]运用前景理论对如何规避股票风险进行了揭示。董志强和洪夏璇(2010)[⑥]从行为经济学的视角来研究劳动力市场中个体心理活动特征以及对其决策模式的影响，在偏好假设上承认社会性偏好，在动机上不仅考虑物质利益，也考虑心理和情感等因素的影响，这是对传统经济理论假设的修正和拓

---

① Thaler R. Toward a positive theory of consumer choice[J]. Journal of Economic Behavior & Organization, 1980, 1(1): 39-60.

② Tversky A, Kahneman D. The framing of decisions and the psychology of choice[J]. Science, 1981, 211(4481): 453-458.

③ Rabin M. Psychology and economics[J]. Journal of Economic Literature, 1998, 36(1): 11-46.

④ Poundstone W. Priceless[M]. One World Publications, 2011.

⑤ 贺京同, 那艺. 传承而非颠覆: 从古典、新古典到行为经济学[J]. 南开学报(哲学社会科学版), 2007(2): 122-130.

⑥ 董志强, 洪夏璇. 行为劳动经济学: 行为经济学对劳动经济学的贡献[J]. 经济评论, 2010(5): 132-138.

展，在劳动力供给和工资等问题上取得了重大的理论进展。熊金武和缪德刚（2015）[①]认为行为经济学放宽了经济人假设，其和心理学结合形成的行为经济学框架对金融等应用经济学科具有深远的方法论价值。传统经济学理论假定人的行为是无限理性、自私、追求效用最大化，即认为人们所有的非理性行为是不存在的，这一假设成为一切经济行为分析的基础。然而随着经济社会的不断发展、科学技术的进步以及人们自身素质的不断提高，人们不仅关心物质利益，同时对互惠、公平以及社会定位等非经济动机给予了更大的关注。正如 2017 年诺贝尔经济学奖获得者理查德·泰勒（Richard Thaler）指出的一样，大多数人既非完全理性，也非完全自私自利，即人类一方面不一定完全理性，另一方面不一定追求自身利益最大化，往往在进行经济行为决策时广泛地存在着利他行为，大量的社会实践活动都充分表明利他主义、互惠观念、公平偏好是广泛存在的。行为经济学认为人们经济行为的决策越来越受到利他、互惠、公平等偏好的影响，尤其是在移动互联网环境下，人们参与特定行为的动机更多地表现为一种亲社会行为，用户之间呈现的更多是互助、互惠等。因此，基于有限理性的行为经济学对众包社区用户知识共享参与行为进行分析是符合实际情况的。

2.4.2 社会偏好理论

善良怜悯、追求公平、互助友爱等是人性中非常重要的组成部分，它们对推动人类社会的良好运转和不断进步有着重要意义。但是这些人性的重要组成部分却与"经济人"假设相悖，行为经济学对个体行为博弈的实验结论发现大量的亲社会行为，这依靠传统经济学理论无法解释清楚，行为经济学逐渐开始对基于超越"经济人"假设的偏好展开研究，促使了社会偏好理论的诞生（陈叶烽等，2011）。[②] Rabin（1993）[③]认为人们喜欢帮助那些曾帮助他们的人，伤害那些曾伤害他们的人，这种动机的结果被称为公平均衡，他在此基础上开创性地提出了基于动机公平的"互惠"偏好理论模型，以解释人们生活中广泛存在的互惠互利现象。以 Rabin 的研究为基础，著名的行为经济学家 Camerer（1997）[④]率先对"社会偏好"概念进行了详细界定，他认为社会偏好包括利他偏好、公平偏好和互惠偏好。Fehr &

① 熊金武，缪德刚. 行为经济学的方法论价值：基于行为金融学前沿理论的分析[J]. 经济问题探索，2015(4)：167-173.

② 陈叶烽，叶航，汪丁丁. 超越经济人的社会偏好理论：一个基于实验经济学的综述[J]. 南开经济研究，2011(5)：63-100.

③ Rabin M. Incorporating fairness into game theory and economics[J]. The American Economic Review, 1993, 83(5): 1281-1302.

④ Camerer C F. Progress in behavioral game theory[J]. The Journal of Economic Perspectives, 1997, 11(4): 167-188.

Schmidt(1999)①采用"行为博弈论"的方法对实验驱动的实际行为进行描述,并在过度理性平衡分析和非理性自适应分析之间绘制了一张图表,推动了社会偏好理论的发展。Bolton & Ockenfels(2000)②则把社会偏好与实验经济学完整地结合起来进行理论模型上的构造和分析,即将公平、利他和竞争偏好与实验经济学进行结合展开理论分析,标志着社会偏好理论的逐步完善。杨志强等(2017)③的研究结果显示个体社会偏好具有可塑性,并且可以直接对个体决策行为产生影响,还可以通过报酬契约对个体的激励程度影响组织承诺。龚天平(2018)④则认为社会偏好范畴不仅是经济学、心理学范畴,而且是伦理学范畴。研究社会偏好,有助于伦理学内容的丰富、理论的拓展以及方法的创新,并从伦理学视角出发认为社会偏好是指个体对他人福利关切程度和对伦理规范维护的意愿、态度和情感,主要包括利他偏好、不平等厌恶偏好以及互惠偏好。

社会偏好作为一个概念是由 Camerer(1997)首次提出,随后许多国内外学者对社会偏好的概念从不同角度进行了阐释,但并未达成一致的意见。通过对国内外关于社会偏好概念的文献进行梳理发现,社会偏好是指行为主体作为一个社会人关心他人利益或行为主观意愿、喜好或者态度(周业安等,2017)。⑤ 具体而言,社会偏好主要表现在不平等厌恶偏好、互惠偏好以及利他偏好,分别对应人们的公平敏感性、互惠性和利他性。这和 Camerer(1997)提出的完整的社会偏好概念是相吻合的。三种偏好的含义具体如下:

(1)不平等厌恶偏好

不平等厌恶偏好也称公平偏好,主要是指人们倾向于减少自身与他人收益差异的动机,也就是人们对结果公平的偏好,当人们的收益领先于他人时,往往会选择牺牲自己的收益来帮助他人,而当收益落后于他人时,则会采取"帕累托损耗"行为伤害他人。Fehr & Schmidt(1999)、Bolton & Ockenfels(2000)提出的不平等厌恶模型影响都比较大。不平等厌恶偏好对应着人们的公平敏感性,它通过人们内在情感中的正义感以外在具体行为呈现出来。

(2)互惠偏好

互惠偏好是指哪怕是付出一定的成本,人们仍然坚持以善报善、以恶惩恶,并且人们付出的成本越小,对人们的行为影响也就越大。互惠偏好模型是由 Rabin(1993)率先提出,

---

① Fehr E, Schmidt K M. A theory of fairness, competition, and cooperation[J]. Quarterly Journal of Economics, 1999, 114: 817-868.

② Bolton G E, Ockenfels A. ERC: A Theory of Equity, Reciprocity, and Competition[J]. American Economic Review, 2000, 90(1): 166-193.

③ 杨志强, 石本仁, 石水平. 社会偏好、报酬心理契合度与组织承诺[J]. 软科学, 2017, 31(6): 70-75.

④ 龚天平. 社会偏好的伦理学分析与批判[J]. 北京大学学报(哲学社会科学版), 2018, 55(3): 5-13.

⑤ 周业安, 等. 社会偏好理论与社会合作机制研究[M]. 北京: 中国人民大学出版社, 2017.

Dufwenberg & Kirchsteiger(2004)①在 Rabin 研究的基础上发展了互惠扩展博弈模型,并证明了时序互惠均衡的存在。唐俊(2011)②在既有互惠偏好理论模型的基础上,提出互惠行为博弈扩展模型,该模型对心理的描述和推理过程更加合理,有助于完善经典博弈的分析。

(3)利他偏好

利他偏好主要表现为社会福利偏好,指人们表现出对自身利益和社会总福利水平的双重关切。Andereoni & Miller(2002)③率先提出了基于利他主义偏好的社会福利偏好模型,Charness & Rabin(2002)④则在此基础上将利他模型和互惠偏好模型进行结合建立起互惠—社会偏好复合模型。章平和黄傲霜(2018)⑤将利他偏好引入效用函数,研究了激励机制设计如何促进社会群体中利他行为的提升,从而使个体利益和社会总福利水平实现最大化。

2.4.3 社会偏好理论述评

社会偏好理论对传统经济学所忽视的善良、追求公平、互助友爱等人性假设提供了一个完整规范的经济学分析框架,该理论把人性中的复杂性和丰富性完整地呈现了出来。更为重要的是,社会偏好理论构建的各种模型是对人类价值多元化的充分认同,不仅打破了传统经济学中对"经济人"自利假设的局限性,有助于解释基于实验经济学的行为博弈的悖论,而且社会偏好理论具有很强的可塑性以及用于实证研究的可操作性。目前,国内外学者将社会偏好理论应用到了企业制度改革、激励机制设计、群体合作行为等领域的研究中,社会偏好理论实质上经历了经济学从"自利—竞争——一般演化均衡"到"利他—合作—演化均衡体系"拓展的过程,是行为经济学和实验经济学作出的重大理论贡献。社会偏好中的利他、互惠和公平等偏好属于潜变量,不能通过直接观察进行获取,必须结合特定的研究方法才能进一步探究其中的内在机理。

2.5 本章小结

本章系统梳理了众包、众包社区、知识共享的概念,并对众包社区用户、虚拟社区知

---

① Dufwenberg M,Kirchsteiger G. A theory of sequential reciprocity[J]. Games and Economic Behavior, 2004,47(2):0-298.

② 唐俊. 社会偏好下的互惠行为博弈扩展模型分析[J]. 广东商学院学报,2011,26(3):12-16.

③ Andreoni J,Miller J H. Giving according to GARP:an experimental test of the consistency of preferences for altruism[J]. Econometrica,2002,70(2):737-753.

④ Charness G,Rabin M. Understanding social preferences with simple tests[J]. The Quarterly Journal of Economics,2002,117(3):817-869.

⑤ 章平,黄傲霜. 引入异质性社会偏好的利他行为决策及激励机制比较[J]. 复杂系统与复杂性科学,2018,15(3):19-26.

识共享的研究视角和影响因素、众包社区知识共享的国内外研究现状进行了综述。从当前对虚拟社区或者众包社区知识共享研究现状来看，现有学者鲜有基于有限理性的社会偏好视角对众包社区用户知识共享参与行为进行研究。在经济良好运转过程中，离不开群体的合作，国内外学者已经就社会偏好与团队成员的合作进行了大量的研究，取得了丰硕的学术成果，但当前研究中较少考虑基于社会偏好的具有复杂网络结构的用户群体间的互动情况以及策略演化的均衡，因此，将社会偏好引入众包社区的知识共享问题研究，讨论社会偏好视角下众包社区用户知识共享参与行为决策演化与均衡以及实现机制有非常重要的现实意义，这对提高众包社区用户参与知识共享的热情和持续性，从而提高众包社区创新水平具有理论和现实意义。总体来看，笔者通过文献整理对知识共享的研究脉络进行系统的分析和归纳，为研究的开展奠定了坚实的理论基础。

3 众包社区知识共享的网络结构分析

复杂网络是应用数学上图的概念描述自然科学、社会和科学工程技术的相互关联的系统模型，目前越来越多的学者应用复杂网络理论研究网络社区的知识传播和知识共享。薛娟等(2016)[①]以戴尔公司的 Ideastorm 众包社区为例，基于复杂网络理论构建知识合作网络，并分别从静态和动态的角度分析知识传播规律。李颖和王亚民(2014)[②]将信任机制引入知识共享，构建了基于复杂网络的知识共享模型，并验证了该模型的可行性。结构洞用来表示非冗余的联系，并且能够为其占有者提供获取信息利益和控制利益的机会。姜鑫(2012)[③]在论述了结构洞测度方法的基础上，分析了结构洞产生的结构位置利益，并结合案例实证讨论了结构洞对组织隐性知识共享的影响。张坤等(2018)[④]以新浪部分政务微博为研究对象，基于小世界和结构洞理论对其传播效率进行了实证研究。从当前研究来看，对众包社区的知识共享网络结构的研究还比较少，通过抓取众包社区的网页数据对众包社区知识共享网络结构静态统计指标和结构洞指标进行分析，有助于把握众包社区知识共享的内在规律。因此，本章运用复杂网络理论和结构洞理论，选取小米公司的 MIUI 众包社区为研究对象，构建该社区知识共享复杂网络，然后对其网络结构的静态拓扑指标和结构洞指标进行分析，以便对众包社区的知识共享效率进行客观分析。

3.1 知识共享复杂网络构建

MIUI 是小米科技基于 Android 系统开发的第三方 Android 系统的 ROM，MIUI 论坛是小米官方建立的使用者、民间开发者和官方开发者的在线论坛。自 2010 年 8 月上线以来，

---

① 薛娟，丁长青，卢杨. 复杂网络视角的网络众包社区知识传播研究：基于 Dell 公司 Ideastorm 众包社区的实证研究[J]. 情报科学，2016，34(8)：25-28，61.

② 李颖，王亚民. 基于信任机制的复杂网络知识共享模型研究[J]. 情报理论与实践，2014，37(8)：79-83.

③ 姜鑫. 基于"结构洞"视角的组织社会网络内隐性知识共享研究[J]. 情报资料工作，2012(1)：32-36.

④ 张坤，姜景，李晶，等. 基于小世界与结构洞理论的政务微博信息传播效率及案例分析[J]. 图书馆，2018(8)：91-96.

论坛成员十分活跃，截至 2019 年 5 月，论坛的帖子数已近千万。MIUI 论坛提出"人人都是产品经理"，鼓励 MIUI 社区成员积极参与知识共享，实质是以众包的形式借助社区成员智慧促进产品开发和创新。MIUI 论坛以标准社交媒介方案为基础，社区成员既可以发表自己的新想法，也可以对他人的想法发表建议。作为激励，社区成员获得帖子置顶、积分和经验值等奖励。考虑到数据量比较大以及数据的可获得性，研究采集 MIUI 社区功能建议版块的数据进行分析，数据爬取时间截至 2019 年 4 月 1 日，并以全部主题、三个月和回复时间作为爬取条件，共爬取数据 73264 条。利用发帖的用户和发表评论的用户之间的关系，构建知识共享网络，由于该网络中无论发帖的用户还是回帖的用户都是知识的贡献者，也是知识的接受者，通过互动，双方都能够接收到新的知识，从而实现知识共享。

由于 MIUI 众包社区用户巨大，结合研究和数据处理的需求，在爬取的 73264 条数据的基础上进行进一步筛选，对于参与讨论小于 2 次的予以剔除，获得有效的用户数据共 2396 条。运用 Uncinet 软件，以 2396 个用户为节点，对参与同一问题讨论的用户之间建立联系，构建基于 MIUI 社区功能建议版块的知识共享网络 G，如图 3.1 所示。由于参加讨论的所有用户既是知识贡献者，又是知识吸收者，因此社区网络 G 是无向的，其邻接矩阵如下所示。

$$G = \begin{bmatrix} 0 & x_{1,2} & \cdots & x_{1,2396} \\ x_{2,1} & 0 & \cdots & x_{2,2396} \\ \vdots & \cdots & \cdots & \vdots \\ x_{2396,1} & x_{2396,2} & \cdots & 0 \end{bmatrix} \qquad （公式 3.1）$$

其中，$x_{i,j}(i, j = 1, 2, \cdots, 2396)$ 表示第 i 个用户和第 j 个用户之间是否参加过相同问题的讨论，参加过用 1 表示，没有参加过用 0 表示。

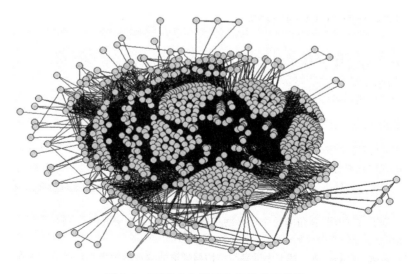

图 3.1　MIUI 众包社区知识共享网络图

3.2 众包社区知识共享网络拓扑结构分析

3.2.1 基于中心性的统计指标分析

中心性(centrality)是反映网络中各节点的相对重要程度的指标,对节点中心性的测量有许多方法,主要包括点度中心性、接近度中心性和中介中心性。

(1)点度中心性(node centrality)

度是描述单个节点属性的重要概念。在网络中,节点 x_i 的度是指与其直接相连的节点的个数。如果该节点与多个节点直接相连,则代表其具有较高的点度中心性。其计算公式如下:

$$\deg(n_i) = d(n_i) = x_{i+} = \sum_j x_{ij} = \sum_j x_{ji} \qquad (公式 3.2)$$

在众包社区网络中,用户发表的帖子和参与的讨论越多,活跃度越高,与其他用户的连接也就越多。同时,用户发表的帖子和参与的讨论得到的关注越多,与之发生直接交流的用户越多。可见,众包社区用户的点度中心性与其发表和参与讨论的帖子数量和关注度密切相关,点度中心性充分体现了用户的合作程度和知识分享程度。图 3.2 是 MIUI 众包社区网络的点度中心性双对数分布图。由图 3.2 可以看出,MIUI 众包社区网络的点度中心性分布大致服从幂律分布,网络中存在大量较少进行知识共享的用户,也存在少数较多进行知识共享的用户。

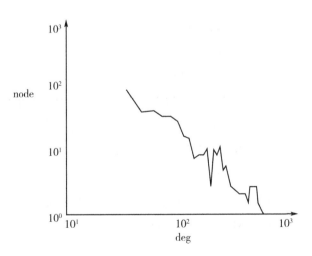

图 3.2 点度中心性双对数分布图

(2)接近度中心性(closeness centrality)

接近度中心性是一种针对不受他人控制的测度,反映了节点在网络中居于中心的程度,是衡量节点中心性的指标之一。节点的接近度中心性越大,表明节点越处于网络的中心,它在网络中就越重要。接近度中心性测量的表达式如下所示:

$$C_C(n_i) = (n-1) / \left[\sum_{j=1, \, j \neq i}^{n} d_{ij} \right] \qquad (公式 3.3)$$

其中,d_{ij} 是节点 i 与众包社区网络内所有其他节点的距离之和,n 是众包社区网络内节点的数量。

如图 3.3 所示,MIUI 众包社区网络的接近度中心性呈现幂律分布特征,大多数人分布在接近度中心性 0.6~3.0 附近的区间,只有少数人的接近中心性比较大。这也充分表明了 MIUI 众包社区只有少数人处于网络的关键位置。

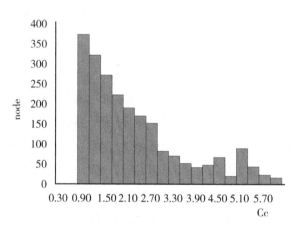

图 3.3　MIUI 众包社区网络的接近度中心性分布图

(3)中介中心性(betweenees centrality)

中介中心性是节点的归一化介数,它是衡量节点在网络中对信息流动的重要程度,必须经过该节点的关键路径数越多,节点的中介中心性越高,意味着该节点控制其他行动者的程度越高,在网络中拥有的话语权也就越大。同时,中介中心性指标能够体现在两个或多个组群中具有中介作用的"跨界者"。在 MIUI 众包社区内,中介中心性能反映用户是否涉足多种知识类别,是否控制着知识共享的重要通道。中介中心性的公式可以表达为:

$$C_b(n_i) = 2 b_i / [(n-2)(n-1)] \qquad (公式 3.4)$$

从图 3.4 可以看出,MIUI 众包社区的中介中心度大致呈幂律分布,极少数人拥有较高的中介中心性,他们是整个网络知识共享的重要通道。

(4)核心群体

将点度中心性、接近度中心性和中介中心性三种指标前十名的用户整合形成表 3.1,可以发现 MIUI 众包社区中的核心群体。从表 3.1 可以看出,核心群体成员普遍具有较高的点度中心性和接近度中心性,分布在社区版主、内测粉丝组、运营团队组、神仙级手机

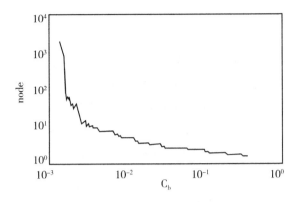

图 3.4 MIUI 众包社区网络中介中心性分布图

控等多个群组,只有用户"小 si 念"和"天使之泪 01"具有较高的中介中心性。这充分说明 MIUI 众包社区网络组群比较活跃,成员之间相互联系十分密切,知识传播和知识分享效率比较高。其中用户"小 si 念"和"天使之泪 01"在该社区网络中具有很强的中介作用,分析发现,用户"天使之泪 01"是 MIUI 众包社区的版主,负责进行建议征询,对他人建议进行评论和回复等,因此涉及多个组群,是社区网络中的"跨界者",是知识共享的桥梁。所有核心群体都是众包社区网络实现知识共享的重要人物,对众包社区的知识传播和知识共享发挥关键的作用。

表 3.1 MIUI 众包社区网络的核心群体

用户名	ID	点度中心性	接近度中心性	中介中心性
作死的青春	194987492	316	5.355	0.313
小 si 念	25522336	288	5.344	0.823
天使之泪 01	8537230	288	5.344	0.815
年轻人 sxl	1248466371	288	5.344	0.515
Mi_ 1206992099	1206992099	278	5.341	0.463
兮兮尼玛	1064985322	276	5.319	0.343
Mi_ 1050869358	1050869358	187	5.292	0.283
双鱼座	21097449	179	5.283	0.488
变通致久	1409374448	173	5.274	0.461
Mi_238408507	238408507	159	5.274	0.383

3.2.2 基于聚类的统计特性

中心性指标从节点层面对众包社区网络进行测量,仍存在一定的局限性。因此,需要从网络层面进一步分析众包社区网络的特点。

(1)集聚系数

复杂网络的集聚性可以通过集聚系数加以定量描述,从本质上来说,集聚系数指在网络中与同一个节点连接的两节点也互相连接的平均概率,通常用来描述网络的局域结构性质,即朋友之间彼此也是朋友的概率,充分显示了网络参与主体相互之间信任的程度。一个集聚程度高的社区网络,反映了相邻两社区成员之间关系范围的重合程度高(盛集明和李学银,2013)[①],社区成员联系越紧密,知识传播和分享通道越顺畅。聚类系数的计算公式如下:

$$C = \frac{1}{n} \sum_i C_i, \quad C_i = \frac{2E_i}{K_i(K_i - 1)} \qquad \text{(公式 3.5)}$$

其中,C 代表网络平均聚类系数,C_i 代表节点 i 的聚类系数,E_i 是节点 i 的 K_i 个相邻节点之间实际存在的边数。

通过计算得出 MIUI 众包社区网络的平均集聚系数为 0.732,表明该网络社区具有良好的集聚性,知识从一位用户分享到另一位用户较为容易,比较有利于知识在网络内的传播和共享。但也存在一些用户集聚系数比较小,不利于众包社区的知识共享。因此,要提升整个众包社区网络的知识共享效率,需要采取相应措施,通过提升空间较大节点的集聚系数,同时避免网络形成较高的集聚系数,过高的集聚系数会形成同质性较高的知识资源,不利于用户的知识共享,知识资源利用效率反而会降低。

(2)平均最短路径长度

平均最短路径长度是指网络中所有节点之间的最短距离,它描述了网络中节点之间连通程度和平均分离程度,即网络的传输性能和效率。在一个包含 n 个节点的网络中,节点之间平均路径长度的定义为:

$$L = \frac{1}{\frac{1}{2}n(n + 1)} \sum_{i \geq j} d_{ij} \qquad \text{(公式 3.6)}$$

经过计算,MIUI 众包社区网络中平均最短路径长度为 2.226,也就是说,知识的传递平均通过 2.226 个人即可完成。根据 Watts & Strogatz(1998)[②]的研究,小世界网络的两个重要特征是较高集聚系数和较小的平均路径长度。因此,MIUI 众包社区网络具有明显的小世界网络特性。

3.2.3 结构洞指标分析

结构洞的测量比较复杂,比较常用的是 Burt(1992)[③]给出的结构洞指数,通常要考虑

---

① 盛集明,李学银. N 维超立方体网络的网络特性[J]. 荆楚理工学院学报,2013,28(2):46-48.

② Watts D J, Strogatz S H. Collective dynamic of small world network[J]. Nature, 1998, 393:440-442.

③ Burt, R. S., Structural holes: the social structure of competition [M]. Cambridge, MA: Harvard University Press, 1992.

有效规模、效率、限制度和等级度四个指标，其中限制度指标最重要。

（1）有效规模（effective size）

一个节点的有效规模等于该节点的个体网规模减去网络的冗余度，即有效规模等于网络中的非冗余因素。有效规模可以衡量某结构洞节点的重要程度，节点的有效规模值越高，则冗余度越小，越处于网络中的核心位置，该节点存在结构洞的可能性也越大。节点的有效规模可以通过公式 3.7 来测量。

$$ES = (1 - \sum_q p_{iq} m_{jq}), \quad q \neq i, j \qquad \text{（公式 3.7）}$$

其中，j 表示节点 i 相连的所有节点，q 代表除了节点 i 或 j 之外的每个第三者。$p_{iq} m_{jq}$ 代表在节点和特定点之间的冗余度。其中 p_{iq} 代表节点 i 投入 q 的关系所占的比例，m_{jq} 是 j 到 q 的关系的边际强度。测量得知，用户中"作死的青春"有效规模最大，为 58.40；其次是用户"年轻人 sxl""小 si 念"等，充分说明这些节点处于众包社区网络的核心地位，其信息的发布与传播对其他节点产生影响力的可能性更大。

（2）效率（efficiency）

节点的效率等于该节点的有效规模与实际规模之比，通常用来测量某节点对网络中其他相关节点的影响力。效率值越大，其对网络中其他节点的影响越大，存在结构洞的可能性也更高。节点 i 的效率可通过公式 3.8 来计算。

$$EF = \frac{ES_i}{n} \qquad \text{（公式 3.8）}$$

其中 n 代表节点数量，ES_i 表示该节点的有效规模。计算发现，MIUI 众包社区中效率最高的节点是"作死的青春"和"年轻人 sxl"，分别为 0.846 和 0.834，这些节点分别属于 MIUI 网络社区版主和运营团队组，因此更容易受到其他节点的关注，其所分享的信息和知识影响也较大。

（3）限制度（constraint）

限制度是结构洞指标中最为重要的指标，节点的限制度是指该节点在网络中拥有的运用结构洞的能力，限制度指标值越小，该节点所受约束越小，其在网络中处于核心位置的可能性越大，存在结构洞的可能性也就越大（韩忠明，2015）。[①] 但并不意味着限制度指标越小越好，当限制度为 0 时，代表该节点为孤立节点，而孤立节点是不存在结构洞的。限制度指标的计算如公式 3.9 所示。

$$C_{ij} = \left(p_{ij} + \sum_q p_{iq} p_{qj} \right)^2 \qquad \text{（公式 3.9）}$$

其中 p_{iq} 代表在节点 i 的全部关系中，投入节点 q 的关系占总关系的比例；p_{qj} 代表在节

---

① 韩忠明，吴杨，谭旭升，等. 社会网络结构洞节点度量指标比较与分析[J]. 山东大学学报（工学版），2015，45（1）：1-8.

点 q 的全部关系中，投入节点 j 的关系占总关系的比例。测量发现，限制度指标值最小的是用户"作死的青春"（0.060）、"兮兮尼玛"（0.071）等，这些节点占据了较多的结构洞，因此能够有效推动网络中的信息传播与知识共享。

（4）等级度（hierarchy）

等级度指标衡量的是限制性在多大程度上集中在一个节点上，节点的等级度指标越高，则限制性越集中于该节点上。其计算公式为：

$$H_i = \frac{\sum_j \left(\frac{C_{ij}}{\frac{C}{N}}\right) \ln \left(\frac{C_{ij}}{\frac{C}{N}}\right)}{N\ln N} \qquad \text{（公式 3.10）}$$

其中 N 是 i 的个体网规模，C_{ij} 表示节点的限制度，$\frac{C}{N}$ 表示节点限制度的平均值，$N\ln N$ 代表最大可能的总和值。当节点的每个联络人的限制度都相同时，等级度达到最小值 0；反之，当所有的限制度集中于某节点时，该节点的等级度达到最大值 1。计算得知，节点"作死的青春""年轻人 sxl"等等级度较小，说明这些节点与很多其他节点发生了互动，因此其在网络中的等级度值较小。

通过对 MIUI 社区网络的结构洞指标进行测量，得到 MIUI 众包社区节点结构洞指标统计表（部分），如表 3.2 所示。从测量结果来看，"作死的青春""年轻人 sxl""兮兮尼玛"等用户拥有更多的结构洞，在众包社区中扮演着关键的角色，对众包社区的氛围活跃程度和知识共享的效率有重要的作用，因此要重点关注这些用户的情况。同时，通过对活跃度较低的用户采取各种有针对性的激励措施，提升众包社区知识传播和共享的效率。

表 3.2 MIUI 众包社区节点结构洞指标统计表（部分）

户名	ID	有效规模	效率	限制度	等级度
作死的青春	194987492	58.400	0.846	0.060	0.056
年轻人 sxl	1248466371	55.909	0.834	0.071	0.067
小 si 念	25522336	53.713	0.826	0.074	0.078
兮兮尼玛	1064985322	48.991	0.817	0.071	0.112
天使之泪 01	8537230	29.551	0.721	0.103	0.108
双鱼座	21097449	22.812	0.652	0.117	0.067
变通致久	1409374448	28.919	0.782	0.114	0.130
Mi_238408507	238408507	23.652	0.676	0.119	0.178
东方岳月	166378090	18.37	0.593	0.133	0.160
没有米的米饭	180877912	12.928	0.576	0.136	0.167

3.3 研究结果分析

众包作为科技革命浪潮和移动互联网迅速发展的产物，对运用大众智慧推动产品创新意义重大，给企业带来了全新的创新体验。众包健康持续的发展离不开健全的社区，众包社区成员之间的互动主要围绕个人知识能力的提升展开。研究通过对 MIUI 众包社区知识共享网络结构的分析，探究众包社区的静态网络结构特征以及知识共享效率，该研究结论与薛娟等（2016）对 Dell 的 Ideastorm 众包社区的研究结论基本一致。具体而言，研究结论主要有三点：

第一，通过对基于中心性的点度中心性、接近度中心性和中介中心性等指标的统计分析，发现 MIUI 众包社区节点中心性大致服从幂律分布，具有无标度网络结构特征，说明少数节点在网络中扮演着关键角色，他们是信息传播和知识分享的关键人物，对保持和提高知识共享的效率具有重要的作用。

第二，通过从网络层面分析，MIUI 众包社区网络具有较高的聚类系数和较小的平均路径长度，具有明显的小世界效应。这也充分说明社区网络成员之间联系紧密、互动频繁，知识在网络间的流动效果较好，知识共享效率较高，但同时也存在知识同质性较高的问题。

第三，通过对结构洞指标分析，发现了 MIUI 众包社区占据更多结构洞的节点，他们与其他节点建立了广泛的联系，许多信息的传播和知识的分享都要借助这些节点，这些用户具有知识和信息优势，是众包社区网络中的"意见领袖"。同时网络中存在一些很少关注其他节点或被其他节点关注的社区用户，这些用户的存在不利于知识共享效率的提升，因此应采取相应的激励措施提高此类用户的活跃度。

3.4 本章小结

本章以小米 MIUI 众包社区为研究对象，在构建知识共享复杂网络的基础上，对众包社区的网络结构及知识共享效率进行了分析。研究结果表明，MIUI 众包社区网络呈现幂律分布特征，具有无标度网络结构特征，少数人处于网络的关键位置，对社区内的知识共享具有核心作用；MIUI 众包社区知识共享网络具有明显的小世界特征，知识分享效率较高，但知识同质性也较高；通过对结构洞指标分析，发现 MIUI 众包社区占据更多结构洞的节点，这些用户具有知识和信息优势，是众包社区网络中的领先用户，对众包社区知识共享具有关键的促进作用。

4 众包社区知识共享参与行为的演化机制

Nowak(2006)①认为促进合作涌现的机制大体上包括亲缘选择、直接互惠、间接互惠、网络互惠和群选择，而网络互惠是演化博弈理论的研究热点。鉴于众包社区中的用户之间呈现出复杂的网络结构，因此将复杂网络理论和演化博弈理论结合起来进行研究，从而厘清众包社区的网络拓扑结构到底是如何影响知识共享行为的涌现以及演化机理有很强的现实意义。本章首先对复杂网络上的演化博弈研究现状进行综述，进一步找到研究的切入点；其次，使用方格网络、WS 小世界网络和无标度集聚网络描述众包社区成员知识共享的互动和空间互惠关系，用网络节点表示众包社区中的成员，用边表示成员间知识共享的博弈关系，并假设众包社区中成员只有知识共享和不进行知识共享两种行为策略选择，根据众包社区成员知识共享的博弈特征，选取雪堆博弈描述其知识共享过程，并对其行为的策略选择和博弈收益进行准确刻画，连续的雪堆博弈表示众包社区成员之间持续参与知识共享的状态；再次，确定知识共享演化博弈的策略调整规则，从而对众包社区成员反复的互动和互惠过程进行模拟仿真，博弈规则参照一些经典的策略调整规则，从而描述有限理性的众包社区用户在随机选择博弈策略的初始状态下，使众包社区内部实现特定比例的知识共享动态均衡，考虑到研究分析的难度，众包社区知识共享的复杂网络博弈演化过程通过 Matlab 编程完成；最后，基于是否考虑社会偏好两种情况，从方格网络、WS 小世界网络和无标度网络三种网络结构模型出发分析众包社区知识共享演化动态均衡，并通过演化结果的横向和纵向比较得出结论。

4.1 复杂网络上演化博弈研究进展

4.1.1 经典博弈理论与演化博弈理论

经典博弈理论(game theory)既是现代数学的分支，也是运筹学的重要组成部分，其诞生的标志是 1944 年《博弈论与经济行为》一书的问世，这一著作由数学家 Von Neumann 和经济学家 Morgenstem 共同完成，该书对合作型博弈模型进行了较全面的描述，其研究和分

---

① Nowak M A. Five rules for the evolution of cooperation[J]. Science, 2006, 314 (5805)：1560-1563.

析的对象是零和博弈,合作博弈论为研究自私个体之间交互与合作行为提供了理论框架。20 世纪 50 年代,美国数学家 Nash(1950)①提出了著名的纳什均衡(Nash equilibrium),即非合作博弈。非合作博弈论解决了之前人们少有涉及的多人参与、非零和博弈的理论问题,成为博弈论发展进程中至关重要的里程碑。纳什均衡的核心思想是两人或多人进行博弈时,在此均衡状态下,个体通过单方面改变自己的策略从而获得更高的收益是行不通的。纳什均衡的提出使非合作博弈论成为研究的新主流,因此在实践中也得到越来越多的应用,研究的繁荣和实践的广泛应用推动了博弈理论的快速发展。

一个完整的博弈通常包括以下四个方面的内容:(1)两个或者两个以上独立决策的博弈个体;(2)博弈个体的策略,每一个博弈个体都有自己的博弈策略;(3)博弈规则和收益函数,博弈个体根据特定的博弈规则参与博弈,同时根据收益函数获得一定的收益;(4)博弈的均衡,即在博弈过程中,博弈个体以自身利益最大化为原则,并根据这一原则更新自己的博弈策略。根据不同的标准,博弈有不同的分类。通常博弈分为合作博弈和非合作博弈,如果博弈参与人可以在相互信任的基础上追求所有局中人获利最大、损失最小的策略,且博弈参与者所形成的约定一定会被遵守,则这种博弈被称为合作博弈,否则就是非合作博弈。如果所有的博弈参与者知晓博弈过程中可能的策略、自己和对手的策略组合分别为各自带来的收益以及所有博弈参与者的特征等一切与博弈有关的信息,则称之为完全信息博弈,否则为不完全信息博弈。如果博弈参与者必须通过对所有策略组合及其收益的分析需求确定自己的最优策略,则称之为静态博弈;如果博弈参与者可以且必须根据竞争对手的上一步策略决定自己下一步应该采取的策略,则称之为动态博弈。

在现实社会系统中,比如国际贸易和关税谈判、经济的快速发展与环境的保护等,通常存在个体利益和群体利益之间选择冲突的问题,博弈论称其为社会两难或社会困境。在社会困境中,个体可能选取维持自身利益的背叛行为,也可能选择保证群体利益的合作行为,而博弈理论为解决社会困境提供了强有力的理论框架。在博弈论发展的过程中,形成两个主要的研究分支:基于完全理性假设的经典博弈理论和基于有限理性假设的演化博弈理论。经典博弈理论要求博弈参与者始终以个人利益最大化为原则,在博弈过程中具有完美的预测和决断能力,而且还要相信博弈对手是"完全理性"的。然而,现实社会中"完全理性"假设并不符合博弈参与者的个体行为特征。与经典博弈理论不同,演化博弈理论基于博弈个体"有限理性"的假设,由于环境的复杂性和信息掌握的局部性,博弈参与者通常不会或不能采取最优策略,其往往随着时间的推移不断调整博弈策略,并通过自适应学习从而优化自己的收益。因此,演化博弈理论探究的是基于"有限理性"假设的个体如何通过多轮博弈过程实现自身利益最大化。

---

① Nash J. F. Equilibrium points in n-person games[J]. Proceedings of the National Academy of Sciences of the United States of America, 1950, 36: 48-49.

4.1.2 复杂网络上的演化博弈

Nowak & May(1992)①对囚徒困境博弈在方格网络上的动态演化博弈进行了开创性的研究，其成果发表于《自然》杂志上，这成为空间复杂网络上的演化博弈研究的开端。这一研究成果首次发现了空间网络结构对合作涌现的促进作用，即著名的网络互惠机制，也称空间互惠，同时为该领域的进一步研究提供了新的研究思路和研究方法。受此研究成果的启发，学者们开始对不同网络结构上的不同博弈模型的合作演化进行研究，特别是Watts 和 Strogatz 在 1998 年引入小世界网络模型，Barabási 和 Albert 在 1999 年提出无标度网络模型以后，使空间演化博弈研究成为学者们关注和研究的热点问题。由于小世界网络和无标度网络更加接近现实世界，因此以其为代表的非规则网络的博弈行为研究取得了丰硕的成果。通过梳理复杂网络上的演化博弈研究将近三十年的成果发现，其研究思路包括借助经典博弈模型对博弈参与者的博弈情境进行描述、通过复杂网络模型阐释博弈参与者之间的互动关系以及有限理性假设下基于某种博弈策略更新规则的演化博弈均衡。随着复杂网络上的博弈研究不断展开和推进，其研究工作逐渐形成了以下研究视角，具体如下：

（1）基于不同网络拓扑结构的演化博弈研究

1992 年 Nowak 和 May 首先将二维方格网络结构引入囚徒困境博弈模型，即将博弈参与者置于二维网格上，首先博弈个体与 4 个直接相邻的个体进行博弈，计算累计收益，并以模仿最优为策略更新规则，直至达到均衡状态。研究结果发现，合作个体在二维方格网络上通过合作团簇有效防止背叛个体的入侵。沿着这一开创性的研究思路，再加上复杂网络科学的发展，学者们对包括规则网络在内不同网络拓扑结构上的演化博弈进行了深入探讨。大量基于囚徒困境博弈模型的研究普遍认为网络空间结构有利于合作的涌现，但是Hauert & Doebeli(2004)②的研究发现，二维规则网络对雪堆博弈过程中的合作涌现产生负面影响。即便如此，由于方格网络具有比较规则的网络结构特征，因此，探讨方格网络上的合作涌现机制成为研究者关注的焦点问题。Szabó et al. (2005)③通过二维规则方格、第二种规则格子和 Kagome 规则格子等三种网络结构对合作演化影响的对比分析发现，具有叠三角形的 Kagome 规则格子网络更有利于促进合作行为的涌现，同时合作行为的涌现不

① Nowak M A, May R M. Evolutionary games and spatial chaos[J]. Nature, 1992, 359(6398): 826-829.

② Hauert C, Doebeli M. Spatial structure often inhibits the evolution of cooperation in the snowdrift game[J]. Nature, 2004, 428: 643-646.

③ Szabó G., Vukov J., Szolnki A. Phase diagrams for an evolutionary prisoner's dilemma game on two-dimensional lattics[J]. Physical Review E, 2005, 72: 47-107.

仅与直接相连的邻居数目有关，而且与局部连接关系密切相关。

基于规则网络上的演化博弈研究，Abramson & KuPerman(2001)①首先对小世界网络上的囚徒困境博弈进行了研究，研究模型中的博弈个体以确定性策略作为更新规则，并分析了从规则网络到小世界网络转变过程中合作行为所受到的影响，研究发现，断边重连概率与系统的演化行为密切相关，同时囚徒困境的收益参数和网络的小世界特性在特定情形下会促进合作，在另一些情形下会抑制合作。Wu et al.（2005）②对 Newman-Watts 小世界网络进行了研究，通过对传统的囚徒困境模型进行修正，加入了志愿者参与，使博弈个体策略由原有的两个策略集合增加为三个策略集合，其策略更新规则取决于策略的数量和收益均值大小，博弈参与者经过自适应和自组织能够很快达到动态均衡。小世界网络上的雪堆博弈同样引起了学者的兴趣，Tomassini et al.（2006）③以雪堆博弈的变形鹰鸽博弈为基础探讨了小世界网络上的合作涌现行为，研究结果表明博弈个体的行为与拓扑结构特征、收益成本比、所采用的策略及策略更新规则密切相关，在特定条件下，小世界网络结构能够促进或者抑制雪堆博弈中的合作行为。杨波等(2018)④通过对同质和异质小世界网络上的自我质疑演化博弈研究发现，由于在自我质疑机制策略更新规则下，博弈个体在考虑自身收益情况时更加理性，因此当存在正向外场作用时，长程连边有助于合作的涌现，而度的异质性将会抑制合作的涌现。

现实世界的许多复杂网络的度分布呈现幂率形式，这种无标度网络结构对合作行为的演化产生何种影响引起了学者的关注。Santos & pacheoc(2005)⑤率先探讨了 BA 无标度网络上的基于囚徒困境和雪堆博弈的动力学行为，策略演化采用复制动力学规则，研究发现，合作者占据主导地位，无标度网络能够极大地促进合作行为的涌现。Santos et al.(2006)⑥进一步探讨了网络异质性对合作行为的影响，研究发现相比于规则网络，网络异质性对囚徒困境博弈、雪堆博弈和猎鹿博弈 3 种博弈中的合作行为都有促进作用。除了网

① Abramson G, Kuperman M. Social games in a social network[J]. Physical Review E, 2001, 63(3): 030901.

② Wu Z X, Xu X J, Chen Y, Wang Y H. Spatial prisoner's dilemma game with volunteering in Newman-Watts small-world networkes[J]. Physcial Review E, 2005, 71: 036107.

③ Tomassini M, Luthi L, Giaeobini M. Hawks and dvoes on small-world networks[J]. Physcial Review E, 2006, 73: 016132.

④ 杨波, 张永文, 刘文奇, 等. 小世界网络上的自我质疑动力学演化博弈[J]. 中国科学, 2018, 48(5): 13-24.

⑤ Santos F C, Pacheco, J, M. Scale-free networks provide a unifying framework for the emergence of cooperation[J]. Physical Review Letters, 2005, 19: 098104.

⑥ Santos F C, Pacheco J M, Lenaerts T. Evolutionary dynamics of social dilemmas in structured heterogeneous populations[J]. Proceedings of the National Acaderny of Sciences of the United States of Americas, 2006, 103(9): 3490-3494.

络异质性，无标度网络的其他拓扑特征量对合作行为的影响也引起研究者的关注，Rong et al. (2007)①就无标度网络的度-度相关性(degree-degree correlation)对合作行为的影响进行了研究，研究结果表明，当度较大的节点倾向于和度较大的节点建立连接时，中心节点和边远节点合作水平下降。王哲等(2016)②对拓扑结构可调的无标度网络上基于雪堆博弈模型的动力学演化进行了仿真，结果显示无标度网络的合作密度正相关于网络度分布的均匀程度，而且幂率指数越低，平均聚类系数越大，合作水平越高。谢逢洁等(2017)③对囚徒困境博弈和雪堆博弈在无标度网络上的动态演化进行了仿真实验，结果显示博弈个体积极参与博弈的行为对无标度网络的合作行为呈正相关，个体连接度不同，其抵御背叛能力的表现形式也不同。

(2)基于不同策略演化规则的复杂网络上的演化博弈研究

不同的策略演化规则对相同网络结构上的演化博弈很可能使系统产生不同的演化结果，新的策略更新规则不断应用于群体的合作演化中，从而推动复杂网络上的演化博弈研究的进程。Nowak & May(1992)④首先采用了模仿最优规则对空间网络上的演化博弈进行了开创性的研究，模仿最优规则策略是指博弈参与者以收益最高的邻居的策略作为自己的更新策略。由于模仿最优规则无法准确描述人们的非理性决策和策略学习效应，Szabo & Toke(1998)⑤提出了费米规则，即博弈个体根据与邻居收益的差值来更新博弈策略。Szabo et al. (2005)⑥进一步研究了费米更新规则中个体理性水平的参数对合作演化的影响。费米更新规则的提出，激发了许多研究者基于原始费米规则变形策略的演化研究，Qin et al. (2008)⑦提出了基于先前行为和收益记忆效应的费米更新规则，研究发现该规则有效促进了合作的涌现。Wu et al. (2006)⑧考虑博弈个体在进行策略更新对象选择时通常具有偏好性，因此将动态偏好选择机制引入费米更新规则中。

———————————————

① Rong Z H, Li X, Wang X F. c. Roles of mixing patterns in cooperation on a scale-free networked game[J]. Physical Review, 2007, 76: 027101.

② 王哲，姚宏，杜军，等. 拓扑可调无标度网络上的雪堆博弈研究[J]. 系统工程理论与实践，2016, 36(1): 121-126.

③ 谢逢洁，武小平，崔文田，等. 博弈参与水平对无标度网络上合作行为演化的影响[J]. 中国管理科学，2017, 25(5): 116-124.)

④ Nowak M A, May R M. Evolutionary games and spatial chaos[J]. Nature, 1992, 359(6398): 826-829.

⑤ Szabo G. and Toke C. Evolutionary prisoner's dilemma game on a square lattice[J]. Physical Review E, 1998, 58: 69-73.

⑥ Szabó G., Vukov J., Szolnki A. Phase diagrams for an evolutionary prisoner's dilemma game on two-dimensional lattics[J]. Physical Review E, 2005, 72: 047-107.

⑦ Qin S M., Chen Y., Zhao X Y., et al. Effect of memory on the prisoner's dilemma game in a square lattice[J]. Physical Review E, 2008, 78: 041129.

⑧ Wu Z. X, Xu X J, Huang Z G, et al. Evolutionary prisoner's dilemma game with dynamic preferential selection[J]. Physical Review E, 2006, 74: 021107.

Szabo et al.（2000）①提出复制动力学（Replicator dynamics）的策略更新规则，博弈参与者将根据博弈收益差以特定的概率模仿更优者的博弈策略。Lieberman et al.（2005）②提出基于 Moran 过程（Moran process）的策略更新规则，数目为 N 的同质群体中，个体每个时间步长以与其初始度成正比的概率进行策略更新。考虑到现实生活中的从众现象，Szolnokic & Perc（2015）③提出了基于从众驱动的策略更新规则，博弈个体在策略选择更新时更倾向于选择直接相连的邻居中占多数的策略。从自身可能选择的策略出发寻找最优策略，杨波等（2018）④对基于自我质疑更新规则对小世界网络上的演化博弈进行了研究。

（3）基于奖励、惩罚、志愿参与、声誉等具体机制对群体合作演化影响的研究

人们的行为决策难免受到内部或外界因素的影响。因此，学者们基于现实社会系统的特定因素对群体合作演化的影响展开了研究。Fehr & Simon（2002）⑤通过 240 名学生参加的实验发现叛逃者的利他主义惩罚是解释合作的关键动机，对叛逃者的消极情绪是利他主义惩罚背后的主要机制。传统上人们认为惩罚比奖励更能够促进公共合作，但由于惩罚所产生的成本很难从合作增加的收益中得到补偿，因此研究者进一步关注奖励对合作行为的影响，Szolnoki & Perc（2010）⑥研究了奖励机制在空间公共物品博弈过程中对合作演化的影响，博弈个体除了传统的合作和背叛策略，还可以选择奖励合作者策略。研究结果表明，由于三种策略自发形成的循环优势，合适的奖励比高奖励更能促进合作涌现。目前，惩罚和奖励机制对群体合作行为的影响目前仍然是研究的热点。考虑到人的特定行为很难持续，由于特定原因导致博弈个体不满从而选择停止某一行为，Hauert et al.（2002）⑦率先将志愿参与者概念引入空间公共物品博弈的演化研究中，志愿参与者依靠自给自足的方式为摆脱社会陷阱提供了安全出口。Szabo & Hauert（2002）⑧研究了规避风险的孤独者（the risk averse loners）在囚徒困境博弈模型中的演化，研究结果证明孤独者的引入有助于正方

---

① Szabo G., Antal T., Szabo P., et al. Spatial evolutionary prisoner's dilemma game with three strategies and external constraints[J]. Physical Review E, 2000, 62.

② Lieberman E, Hauert C, Nowak M A. Evolutionary dynamics on graphs[J]. Nature, 2005, 433 (7023): 312-316.

③ Szolnoki A. and Perc M. Conformity enhances network reciprocity in evolutionary social dilemmas[J]. Journal of the Royal Society Interface, 2015, 12.

④ 杨波，张永文，刘文奇，等. 小世界网络上的自我质疑动力学演化博弈[J]. 中国科学, 2018, 48(5): 13-24.

⑤ Fehr E, Simon G. Altruistic punishment in humans[J]. Nature, 2002, 15: 137-140.

⑥ Szolnoki A. and Perc M. Reward and cooperation in the spatial public goods game[J]. Europhysics Letters, 2010, 92.

⑦ Hauert C., De M. S., Hofbauer J., et al. Volunteering as red queen mechanism for cooperation in public goods games[J]. Science, 2002, 296: 1129-1132.

⑧ Szabó G, Hauert C. Evolutionary prisoner's dilemma games with voluntary participation[J]. Physical Review E, 2002, 66(6).

形格子网络产生自组织效应，但在随机规则网络上会导致不同类型的震荡行为。除此之外，声誉、宽容、收益再分配等更多的具体机制对群体合作演化的影响得到了研究者的关注(黄昌巍，2019)①，并形成了大量的成果。

(4)基于复杂网络上的共同演化博弈研究

复杂网络上的共同演化博弈是演化博弈研究中的重要课题，近年来，国内外学者从网络结构与博弈个体策略、博弈个体属性和个体策略等各方面对共同演化博弈中的合作进行了大量的研究。网络拓扑结构和博弈个体策略的共同演化博弈研究中，Zimmermann & Eguiluz(2005)②对动态网络上的囚徒困境博弈模型的合作演化进行了研究，研究结果表明基于断边重连概率取较小值的 ER 随机网络能够呈现出非常高的合作水平，该研究中博弈个体采用模仿最佳邻居的策略。Santos & Pacheco (2006)③研究了基于费米更新规则的群体合作演化，研究结果表明简单的拓扑动力学反映了个体自组织社会关系的能力，能够产生高平均连通性现实网络，并具有单一到广泛的异质性，同时在具有高平均连通性的异构网络中，合作不能单独作为"社会黏性"的结果而发展，需要拓扑共同演化的附加机制来保证合作行为的涌现。个体策略和个体属性的共同演化博弈研究中，Szolnoki et al. (2009)④研究了个体属性，即年龄对空间囚徒博弈困境的影响，研究发现年龄分布异质性对于解释空间网格上合作者密度差异十分重要，但不足以解释全部差异。Szolnoki et al. (2009)⑤研究了博弈个体策略和噪声水平在空间囚徒困境和猎鹿博弈上的合作演化。田琳琳(2018)⑥以空间演化博弈研究的理论框架为指导，提出了基于个体动态属性的信誉机制、非均匀贡献机制和伙伴选择机制，该研究丰富了空间互惠的合作演化机制，对深入理解合作行为涌现的机理意义重大。

4.1.3 复杂网络上演化博弈研究述评

复杂网络上的演化博弈研究自 1992 年 Nowak 和 May 首先将二维方格网络结构引入囚徒困境博弈模型开始，经过将近三十年的研究，取得了丰硕的研究成果。研究者们从网络拓扑、博弈策略规则、具体机制等视角对复杂网络上用户之间的持续互动与合作行为演化

① 黄昌巍. 复杂网络上的演化博弈与观点动力学研究[D]. 北京：北京邮电大学，2019.

② Zimmermann M. G., Eguiluz V. M. Cooperation, social networks, and the emergence of leadership in a prisoner's dilemma with adaptive local interactions[J]. Physical Review, 2005, 72.

③ Santos F. C., Pacheco J. M., Lenaerts T. Cooperation prevails when individuals adjust their social ties[J]. PloS Computational Biology, 2006, 2: 1284-1291.

④ Szolnoki A., Perc M., Szabo G., et al. Impact of aging on the evolution of cooperation in the spatial prisoner's dilemma game[J]. Physical Review E, 2009, 80.

⑤ Szolnoki A., Vukov J., Szabo G. Selection of noise level in strategy adoption for spatial social dilemmas[J]. Physical Review E, 2009, 80.

⑥ 田琳琳. 基于个体动态属性的网络群体合作演化机制研究[D]. 大连：大连理工大学，2018.

采用不同的博弈模型进行研究，为复杂网络上的演化博弈研究奠定了良好的理论基础和众多的方法支撑。对于复杂网络上的演化博弈，网络结构的类型、博弈演化规则、博弈模型、具体机制、博弈个体属性等因素密切关联，特定的网络结构，辅以合理的博弈演化规则能够有效的促进合作涌现，因此几种因素共同作用对群体合作行为的影响成为当前的热点问题。考虑到当前互联网时代下个体属性的日益复杂性，因此将博弈个体属性结合特定的博弈规则，研究更加接近现实的网络结构对合作演化的影响将是具有理论意义和现实意义的探索。因此本研究将对社会偏好下基于特定博弈规则的众包社区知识共享问题进行研究。

4.2 众包社区知识共享演化博弈模型构建

4.2.1 复杂网络模型的选取

根据上文的研究，众包社区具有明显的小世界特征和无标度特征，因此复杂网络模型选取 WS 小世界网络和无标度集聚网络。方格网络具有简单性和使用普遍性，虽然其网络结构特征与众包社区的网络结构并不相符，但以方格网络的模拟仿真结果作为整体研究的比较标准来探究社会偏好存在与否时众包社区知识共享演化的差异性具有很强的可行性。因此，研究复杂网络模型选择方格网络、WS 小世界网络和无标度集聚网络进行研究。

（1）方格网络模型的构建

方格网络是规则网络（regular network）中最简单、使用最普遍的网络模型。Nowak & May 开创性地对方格网络上的囚徒困境博弈演化进行了研究。通常方格网络每个节点的近邻数目相同，但是其平均路径长度会随着网络节点的增加而迅速增大，因此并不能反映现实网络结构的异质性及动态增长性。方格网络的构建规则比较简单，网络中每个节点四周有四个近邻，相邻节点间的距离都相等，而且网络中所形成的最小的四个节点单元形成方格形状，如图 4.1 所示。

（2）WS 小世界网络模型的构建

WS 小世界网络较好地反映了现实世界中复杂网络所具有的特征，能够在某种程度上描述众包社区用户群体的特点。其构造算法如下：（1）从含有 N 个节点的环状最近邻耦合网络开始，其中每个节点均与它左右相邻的各 K/2 节点相连，其中 K 为偶数，参数 N>> K>> ln$N$ >>1。（2）以随机化重连概率 q_x 随机地重新连接网络中原有的每条边，即每条边的一端保持不变，另一端与随机选择的一个节点相连，其中任意两个节点之间只有一条边，且每个节点不能与自身相连。基于这一算法每个节点就会产生 $q_x NK/2$ 条长程的边和其他节点联系起来，使用 Matlab 编程模拟小世界网络的形成过程，图 4.2 是断边随机重连

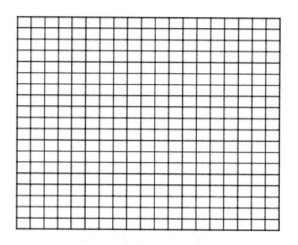

图 4.1　方格网络图

概率 q_x 为 0.3、0.6、0.8 和 1 时，k 为 3 时由 30 个网络节点形成的 WS 小世界网络模型。

（3）无标度集聚网络模型的构建

1999 年 10 月，美国圣母大学物理系教授 Barabasi 和其博士 Albert 将其研究成果《随机网络中标度的涌现》一文发表在 Science 杂志上，该论文对复杂网络所具有的无标度特征进行了解释，并构建了 BA 无标度网络模型。BA 无标度网络不仅具有持续增长特性和优先连接特征，同时还存在"贫者愈贫、富者愈富"的马太效应（Barabási & Albert，1999）[1]。无标度网络度分布呈现幂指数特征，但是其集聚系数比较低，这与现实网络并不相符，因此 Holme & Kim（2002）[2]提出了新的算法，构建了集聚系数可变的无标度集聚网络模型，这是对 BA 无标度网络模型低集聚系数的改进，其中"二次连接方式" q_w 是网络生成中非常重要的参数。无标度集聚网络的构造算法如下：（1）基于 m_0 个节点的全连接网络，每一时刻增加一个新个体 i，该个体有 n 条边，并且这 n 条边与现有节点 j 分别相连，其连接概率

$$\prod_j = \frac{K_j}{\sum_{j=1}^{M} K_j}$$，其中 M 为网络当前的总节点数，$\sum_{j=1}^{M} K_j$ 表示当前网络所有节点的连接度之

和。（2）网络中剩下的 n-1 条边按照概率 q_w 通过两种途径进行连接，以 q_w 的概率与节点 j 的 n-1 个邻居随机连接，如果节点 j 的连接度 $K_j < n-1$，则多出的 $n-1-K_j$ 条边按照以上的优先连接机制与其他节点相连；或者按照以上的优先连接机制以概率 $1-q_w$ 与其他 n-1 个节点连接。（3）t 时间间隔后，该算法会构建出（m_0+t）个节点、tn 条边的无标度集聚网络。

① Barabási A L，Albert R. Emergence of scaling in random networks[J]. Science，1999，286(5439)：509-512.

② Holme P，Kim B J. Growing scale-free networks with tunable clustering [J]. Physical Review E Statistical Nonlinear & Soft Matter Physics，2002，65(2)：95-129.

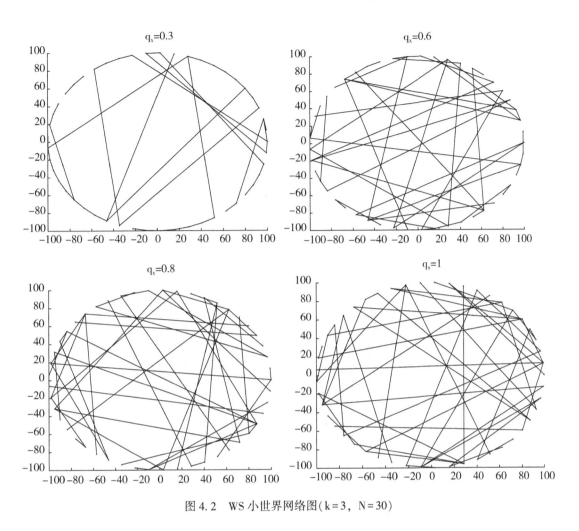

图 4.2 WS 小世界网络图(k=3，N=30)

以该算法构建的无标度集聚网络的度分布并未发生变化，依然服从幂率分布特征，但是网络的集聚性得到明显提升，q_w的取值和网络集聚水平呈正比关系。使用 Matlab 编程模拟无标度集聚网络的形成过程，图 4.3 是"二次连接方式"q_w为 0、0.2、0.8 和 1 时，由 30 个网络节点形成的无标度集聚网络模型图。

4.2.2 构建众包社区知识共享的演化博弈模型

(1)前提假设

众包社区知识共享行为的博弈个体是各参与用户，他们之间存在持续的互动和互惠关系，他们之间进行持续的知识共享和价值共创，为众包社区的持续健康发展贡献知识，但是众包社区同样存在"搭便车"的用户，因而比较适合用雪堆博弈模型进行描述。众包社区中的用户有两种行为策略选择，即知识共享策略和不进行知识共享策略，而且在长期的知识共享决策过程中通过博弈规则不断地更新自己的策略，所以探究其行为决策背后的影响

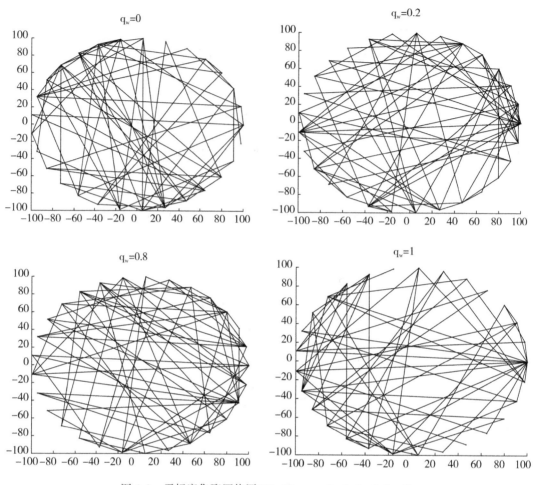

图 4.3　无标度集聚网络图（N=30，q_w=0，0.2，0.8，1）

因素有很强的理论和现实意义。考虑到研究的可行性，做出以下假设：

首先，众包社区中参与知识共享的用户是有限理性的。由于众包社区中博弈个体自身的认知有限性，其知识共享决策行为不可能是完全理性的，所以有限理性是众包社区知识共享演化博弈模型建立和分析的基础，这一假设和社会偏好理论对人的假设是一致的。

其次，众包社区用户知识共享的博弈策略包括两种，即知识共享和知识不共享，众包社区中的知识共享行为包括参与知识共享以及评论他人知识共享的行为，不包括单纯的浏览行为。

再次，假定众包社区中用户的知识共享的总收益和知识共享的总成本可以测量。

最后，假定众包社区用户知识共享的演化博弈可以多次进行，博弈用户根据特定的博弈规则不断地调整自己的博弈策略，直至达到均衡状态。

（2）雪堆博弈模型

风雪交加的晚上，甲乙两个人开车相向而行，但被同一个雪堆挡住，假设铲掉该雪堆使道路畅通无阻需要付出的成本为 c，道路通行后每个人的收益为 b，其中 b>c。如果两个人共同铲雪，则两人的收益均为 b-c/2；如果仅有一个人铲雪，两个人都能获得顺利回家的收益，但是背叛者没有成本，因此其收益为 b，而铲雪者的收益为 b-c；如果两个人都选择不铲雪，则两个人都没有办法回家，因此收益均为 0。以下是雪堆博弈的收益矩阵，如表 4.1 所示。雪堆博弈中，博弈个体可以采取的最佳策略是由对手的策略决定的，如果对方选择铲雪(C)，则最佳策略为坐观(D)，如果对方选择坐观，则最佳策略为铲雪。因此，雪堆博弈存在两个纯纳什均衡，更容易形成合作。

表 4.1 雪堆博弈的收益矩阵

甲和乙	铲雪(C)	坐观(D)
铲雪(C)	b-c/2, b-c/2	b-c, b
坐观(D)	b, b-c	0, 0

(3)基于雪堆博弈的众包社区知识共享博弈模型

众包社区中的用户在进行知识共享的过程中，用户策略集合有包括知识共享策略 C 和知识不共享策略 D，如果两者愿意共同进行知识分享，需要付出共同的知识共享成本 c，并能够获得各自的知识共享收益 b，其中 b>c>0，则两位用户均采用知识共享策略时收益为 b-c/2，如果两位用户都采取知识不共享策略，则两者的收益均为 0，如果一方选择知识不共享，一方选择知识共享，则双方都有收益。因此，该博弈模型存在两个纳什均衡，即策略组合(知识不共享，知识共享)以及(知识共享，知识不共享)。当考虑到博弈对手策略选择的不确定性以及复杂网络上博弈演化计算的方便性，引入双方合作时的收益参数 r=c/(2b-c)，得到雪堆博弈收益矩阵的等价简化模型，如表 4.2 所示。

表 4.2 简化的基于雪堆博弈的知识共享收益矩阵

参与者 i 和 j	知识共享(C)	知识不共享(D)
知识共享(C)	1, 1	1-r, 1+r
知识不共享(D)	1+r, 1-r	0, 0

基于雪堆博弈的知识共享博弈模型不仅能够阐释众包社区用户在进行知识共享的决策两难问题以及"搭便车"问题，而且为众包社区用户间进行知识共享的演化驱动分析与研究奠定了基础。因此，本章以基于雪堆博弈的知识共享模型对众包社区用户持续的知识互动、互惠所产生的整体效果进行研究，对于理解众包社区用户的知识共享有很强的理论意义和现实意义。

（4）知识共享博弈的收益函数

根据表 4.2 简化的基于雪堆博弈的知识共享收益矩阵，将用户收益函数 U_i 表示为：

$$U_i = S_i \begin{pmatrix} 1 & 1-r \\ 1+r & 0 \end{pmatrix} S_j^T \qquad \text{（公式 4.1）}$$

其中，S_i 表示用户 i 的博弈策略向量，知识共享策略 C 取 $[1,0]$，知识不共享策略取 $[0,1]$，S_j^T 表示与之相邻用户 j 的博弈策略向量的转置，$\begin{pmatrix} 1 & 1-r \\ 1+r & 0 \end{pmatrix}$ 为知识共享博弈的收益矩阵，其中 $0 \leqslant r \leqslant 1$。

（5）众包社区用户知识共享博弈的收益函数

将上述博弈收益函数代入基于众包社区网络结构的演化博弈，可以得出众包社区中参与知识共享的用户 i 在第 t 轮博弈的总收益函数 $U_i(t)$ 为：

$$U_i(t) = \sum_{j \in w_i} S_i(t) \begin{pmatrix} 1 & 1-r \\ 1+r & 0 \end{pmatrix} S_j^T \qquad \text{（公式 4.2）}$$

其中 W_i 表示众包社区用户 i 所连接的博弈邻居 j 的集合，也就是第 t 轮博弈中用户 i 将与所有与其相连接的用户 j 进行博弈，$S_i(t)$ 则表示第 t 轮用户 i 的策略向量，$S_j(t)$ 表示第 t 轮与用户 i 相连接的所有用户 j 的博弈策略向量的转置。

4.2.3　知识共享演化策略的调整规则

众包社区用户之间的知识共享行为用复杂网络上的演化博弈理论进行阐释与分析更加贴切合理，这样能够清楚地描述众包社区的用户在"看不见"却真实存在的错综复杂的网络关系中如何展开持续的知识互动和知识共享行为。同时，考虑到众包社区用户的实际情况和演化博弈理论的基本假设，认为个体在进行知识共享决策时，往往表现出有限理性，意味着博弈个体需要通过博弈过程中不断地学习才能找到更佳策略，也就是说演化博弈均衡是多次策略调整的结果。因此，基于有限理性的众包社区用户在知识共享博弈过程中，通常采用特定的博弈策略规则，但由于博弈策略对外界的干扰具有较强的稳健性，即便博弈对手策略发生改变时，最终仍能达到策略均衡。

当前，博弈策略调整规则对复杂网络上的演化博弈影响研究是学者们关注的热点问题之一。在现有的网络演化博弈研究中，博弈个体的策略调整规则通常有模仿优胜策略更新规则、模仿最优策略更新规则、复制动力学更新规则、费米更新规则、基于 Moran 过程更新规则、自我质疑更新规则、基于从众驱动的更新规则以及平均场理论等。众包社区用户之间的知识共享策略选择是在持续的互动和分享过程中经过成本利益权衡之后形成的，通过不断的学习、调整和改进达到策略均衡状态。根据众包社区用户知识共享参与行为的心理特征，考虑到社区用户知识共享过程中寻优、模仿以及决策行为的不确定性，将基于模仿优胜者的复制动力学规则作为众包社区用户知识共享参与行为的博弈策略调整规则。

基于模仿优胜者的复制动力学规则是以博弈邻居在网络中的连接度的大小作为模仿对象选择的基础依据。首先，确定众包社区中的用户 i 所有博弈邻居的连接度 K_j，然后计算每一个博弈邻居连接度占所有博弈邻居连接度之和的比例，将这一比例作为模仿对象选择的概率，最终依据用户 i 和用户 j 第 t 论博弈总收益的差值为基础的概率 $P_i(S_i \leftarrow S_j)$ 模仿优胜的博弈邻居策略作为用户 i 第 $t+1$ 轮博弈的策略。

模仿对象的选择概率为：

$$P_{ij} = \frac{K_j}{\sum_{j \in w_i} K_j} \qquad (公式4.3)$$

其中 W_i 代表众包社区中与用户 i 直接连接的所有邻居的集合，$\sum_{j \in w_i} K_j$ 表示与用户 i 直接连接的所有邻居的连接度之和。

知识共享博弈策略模仿的概率为：

$$P_i(S_i \leftarrow S_j) = \frac{U_j - U_i}{D \cdot \max(K_i, K_j)} \qquad (公式4.4)$$

其中 U_i 和 U_j 分别代表众包社区用户 i 和 j 参与知识共享的博弈收益，D 表示收益矩阵中最大与最小收益参数的差，$\max(K_i, K_j)$ 表示众包社区 i 和用户 j 连接度的较大值。该公式所表达的含义是当用户 i 进行知识共享博弈策略调整时，若随机选择的连接用户 j 的博弈收益 U_j 大于用户 i 自身的博弈收益 U_i，在进行下轮博弈时用户 i 复制用户 j 博弈策略的概率值。将知识共享博弈收益参数代入公式4.4，由于博弈收益矩阵中最大参数是 $1+r$，最小参数是 0，因此得到以下公式：

$$P_i(S_i \leftarrow S_j) = \frac{U_j - U_i}{(1+r) \cdot \max(K_i, K_j)} \qquad (公式4.5)$$

基于模仿优胜者的复制动力学规则比较真实地描述了众包社区中用户参与知识共享的博弈演化过程与调整学习状况，也反映了众包社区用户知识共享博弈策略选择时会受到网络中连接度比较大的用户的影响，这符合网络大众比较容易受到权威人物或意见领袖影响的心理特征，同时也充分表明了众包社区用户在知识共享博弈策略选择过程中存在很强的不确定性。

4.3 不同网络结构上众包社区知识共享的演化博弈

以构建的方格网络、WS 小世界网络和无标度集聚网络等网络结构模型为基础，结合知识共享博弈模型及其收益函数，基于模仿优胜者的复制动力学调整规则，构建不同网络结构上众包社区知识共享的演化博弈模型，并以 Matlab 编程对其演化过程进行仿真模拟，从而探讨不考虑社会偏好时，博弈演化的迭代次数、博弈的收益参数以及网络结构参数共同作用下对众包社区用户知识共享演化博弈均衡的影响，为考虑社会偏好时不同网络结构上众包社区知识共享的演化博弈研究提供参照。仿真思路如下：

（1）第一轮众包社区用户知识共享博弈时，所有社区用户以概率 P 选择知识共享策略 C 作为自己的初始博弈策略，因此众包社区用户知识共享策略 C 的初始密度 P_0 等于 P。

（2）每轮知识共享博弈结束后，众包社区中的所有用户会以本轮博弈收益为基础，根据模仿优胜者的复制动力学策略调整规则确定下一轮的博弈策略。

（3）通过对众包社区用户知识共享者密度 P 和知识共享者均衡密度 P_c 演化情况的分析来阐释众包社区用户知识共享的演化机制。其中，P 是每轮博弈后选择知识共享策略的用户比例，其曲线将随时间序列变化而变化；P_c 代表博弈动态稳定时知识共享者均衡密度，本研究借鉴谢逢洁等（2011）[①]的观点，将仿真试验中连续 20 轮相等的知识共享策略者密度 P 或者最后 30 轮知识共享策略者密度 P 的平均值作为 P_c 的值。

4.3.1　方格网络上众包社区知识共享的演化博弈

4.3.1.1　构建方格网络上知识共享的演化博弈模型

方格网络上众包社区用户知识共享的演化博弈是其他网络结构分析的基础与重要参照，其演化博弈模型构建思路如下：

（1）将众包社区用户数 N 设定为 30×30＝900 人。

（2）众包社区中每位用户与其直接相邻的 4 位用户按照知识共享博弈模型和收益矩阵（表 4.2）进行 200 轮重复博弈。所有的社区用户按照初始密度 P_0 作为初始博弈策略，即知识共享策略或知识不共享策略，则所有方格网络上众包社区用户的知识共享策略的初始密度约等于 P_0。

（3）社区每位用户以基于模仿优胜的复制动力学调整规则为依据进行博弈策略演化（公式 4.5），即按照影响力大小从直接连接的邻居中选择某位邻居，再通过基于双方总收益差值的概率选择是否采取对方的博弈策略，从而确定自己下一轮的博弈策略。

4.3.1.2　方格网络上知识共享的演化分析

通过 Matlab 算法编程进行仿真实验，分析方格网络上众包社区用户知识共享的演化趋势与均衡状态。具体来说，通过仿真实验探究知识共享策略密度随博弈时序数 t 的变化趋势以及知识共享均衡密度 Pc 的均衡状态。

---

① 谢逢洁，崔文田，李庆军. 空间结构对合作行为的影响依赖于背叛诱惑的程度[J]. 系统工程学报，2011，26（4）：451-459.

（1）知识共享者密度 P 的演化结果

通过对方格网络上众包社区用户知识共享的演化博弈过程进行仿真实验，来比较分析基于不同的初始密度和博弈收益参数，知识共享者密度随博弈时序数的演化趋势以及呈现出的规律性。图 4.4 为初始密度参数为 0.2 和 0.8、收益参数 r 为 0.2、0.5 和 0.8 时，知识共享者密度 P 随博弈时序数 t 迭代变化的仿真实验结果。从仿真实验结果来看，初始密

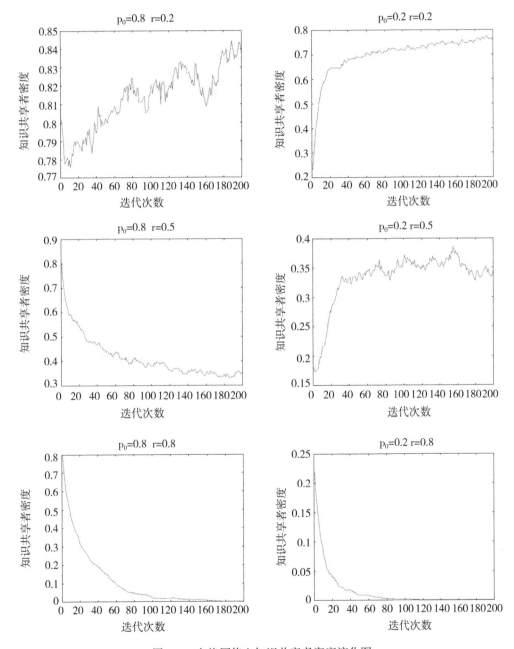

图 4.4 方格网络上知识共享者密度演化图

度对知识共享者密度演化趋势的影响不明显，而博弈收益参数对知识共享者密度的演化趋势呈现出一定的规律性影响，博弈收益参数值越大，知识共享者密度倾向于向低值域演化，博弈收益参数值越小，知识共享者密度倾向于向高值域演化。

（2）知识共享者均衡密度 P_c 的演化结果

在对知识共享者密度 P 的演化结果分析的基础上，对方格网络上众包社区用户知识共享演化均衡进行分析，从而探讨初始密度 P_0 和博弈收益参数 r 共同作用下知识共享者均衡密度 P_c 的分布状况。图4.5是方格网络上众包社区用户知识共享演化的仿真实验结果，该

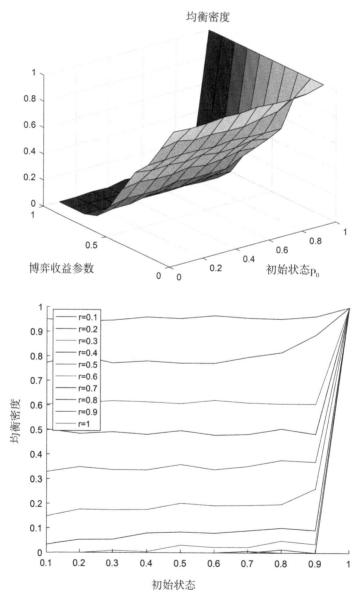

图 4.5 方格网络上知识共享者均衡密度演化图

结果描述了初始密度和博弈收益参数变化时知识共享者均衡密度 P_c 的三者关系和基于不同的博弈收益参数下知识共享者均衡密度 P_c 随初始密度 P_0 变化的情况。从实验结果来看，存在参数组合导致知识不共享策略涌现的结果，原因主要是依据概率随机赋予的用户初始策略会导致策略分布结构存在差异，而分布结构的差异对结果产生随机影响。因此，即便是同样的参数组合也可能导致众包社区知识共享演化存在知识策略者均衡密度为 0 的情况发生。这充分说明众包社区中的知识共享演化存在较强的不确定性。

4.3.1.3 方格网络上知识共享的演化结论

(1)影响众包社区用户知识共享者均衡密度 P_c 的主要因素为博弈参数 r，而且方格网络结构并未促进知识共享博弈的演化。博弈收益参数 r 取值越大，参与博弈的社区用户越倾向于选择不共享策略，知识共享者均衡密度 P_c 数值越低。

(2)方格网络中初始密度 P_0 对知识共享者均衡密度 P_c 的影响不明显。当初始密度为 1 或者 0 时，初始状态就是均衡状态，当 $0<P_0<1$，初始密度对知识共享者均衡密度基本没有影响。

(3)方格网络结构上基于不同初始密度和博弈收益参数组合下的知识共享者均衡密度 P_c 演变趋势呈现出较强的规律性，但由于用户初始策略分布结构的差异，也存在一定的不确定性。

4.3.2 WS 小世界网络上众包社区知识共享的演化博弈

4.3.2.1 构建 WS 小世界网络上知识共享的演化博弈模型

(1)生成具有 WS 小世界网络结构特征的众包社区，考虑仿真实验的方便性和可行性，用户数 N 设定为 500 人。

(2)众包社区每位用户与生成的 WS 小世界网络中相邻的用户按照知识共享博弈模型和收益矩阵(表 4.2)进行 100 轮重复博弈。所有的社区用户按照初始密度 P_0 作为初始博弈策略，则 WS 小世界网络上众包社区用户的知识共享策略的初始密度约等于 P_0。

(3)每位用户以基于模仿优胜的复制动力学调整规则为依据进行博弈策略演化(公式4.5)，即按照影响力大小从邻居集合中选择某位邻居，再通过基于双方总收益差值的概率选择确定是否采取对方的博弈策略，从而形成自己下一轮的博弈策略。

4.3.2.2 WS 小世界网络上知识共享演化分析

在 WS 小世界网络结构上基于众包社区用户知识共享的演化博弈模型进行模拟仿真实验，旨在分析 WS 小世界网络结构对众包社区用户的知识共享演化趋势所产生的影响，具体分析一定的初始密度下，博弈收益参数 r 和"断边随机重连"概率 q_x 共同作用下，众包社区用户知识共享博弈的演化趋势和均衡状态。

（1）知识共享者密度 P 的演化结果

用 Matlab 算法进行编程，并分析初始密度为 0.3，博弈收益参数为 0.7 时，不同的断边随机重连概率 q_x 随迭代次数的变化趋势及演化规律。图 4.6 为基于 WS 小世界网络的众包社区用户知识共享演化的一次仿真结果。从结果来看，WS 小世界网络上的知识共享者密度 P 随着迭代次数的增加呈现一定程度的波动，而断边随机重连概率 q_x 这一重要的小世界网络结构参数对知识共享者密度 P 存在一定的促进作用，断边随机重连概率的数值越大，知识共享者密度 P 的整体水平越高。

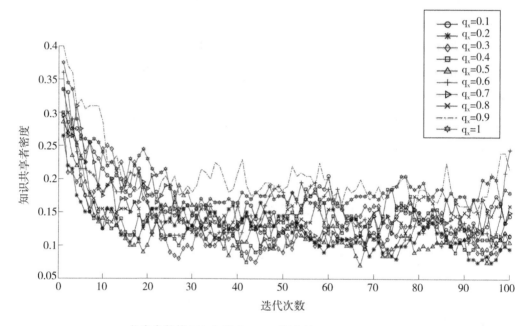

仿真参数值 200 个节点，100 轮博弈，$p_0 = 0.3$，$r = 0.7$

图 4.6　小世界网络上知识共享者密度的演化比较图

（2）知识共享者均衡密度 P_e 的演化结果分析

在对知识共享者密度 P 的演化结果分析的基础上，对 WS 小世界网络上众包社区用户知识共享演化均衡进行分析，从而探讨初始密度 P_0 等于 0.3 时，不同的断边随机重连概率 q_x 和博弈收益参数 r 共同作用下知识共享者均衡密度 P_e 的分布状况。图 4.7 是 WS 小世界网络上众包社区用户知识共享演化的一次仿真实验结果，该结果旨在描述初始密度等于 0.3 时，断边随机重连概率和博弈收益参数保持步长 0.14286 的变化时与知识共享者均衡密度 P_e 的三者关系、基于不同的博弈收益参数下知识共享者均衡密度 P_e 随断边随机重连

概率 q_x 变化的折线图、基于不同的初始密度下博弈参数 r 与知识共享者均衡密度 P_c 关系的折线图。从实验结果来看，初始密度对知识共享的博弈演化影响不明显，断边随机重连概率取值越高，知识共享者均衡密度 P_c 越高，博弈收益参数越高，知识共享者均衡密度越低。

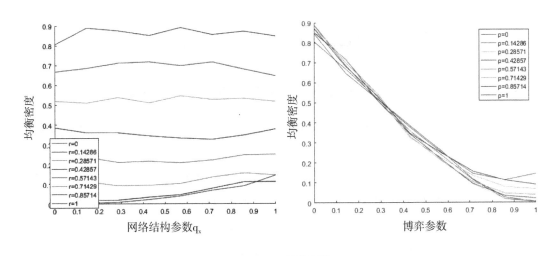

WS均衡密度

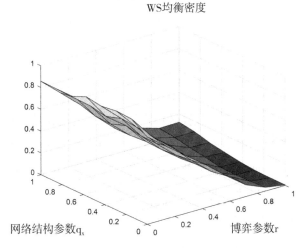

图 4.7　小世界网络上知识共享均衡密度演化图

4.3.2.3　WS 小世界网络上知识共享演化结论

（1）与方格网络相比，WS 小世界网络的结构特征对知识共享博弈的演化有一定程度的促进作用。小世界网络的较短的平均距离和较大的集聚性规律性地提高了知识共享者的均衡密度，主要表现在断边随机重连概率取值越高，知识共享者均衡密度 P_c 越高，但存在一定的不确定性。

（2）WS 小世界网络结构上众包社区用户知识共享的演化博弈过程中，收益参数 r 对知识共享者均衡密度发挥着重要的作用，博弈收益参数 r 越高，知识共享者均衡密度越低。

（3）WS 小世界网络结构特征和用户的策略分布结构的匹配程度是导致知识共享者均衡密度 P_c 存在一定波动的原因。

4.3.3 无标度集聚网络上众包社区知识共享的演化博弈

4.3.3.1 构建无标度集聚网络上知识共享的演化博弈模型

（1）生成具有无标度集聚网络结构特征的众包社区，考虑仿真实验的方便性和可行性，用户数 N 设定为 500 人。

（2）众包社区中每位用户与生成的无标度集聚网络中相邻的用户按照知识共享博弈模型和收益矩阵（表 4.2）进行 100 轮重复博弈。所有的社区用户以初始密度 P_0 作为初始博弈策略，即众包社区用户的知识共享策略的初始密度约等于 P_0。

（3）每位用户以基于模仿优胜的复制动力学调整规则为依据进行博弈策略演化（公式 4.5），即按照连接度的大小从邻居集合中选择某位邻居，再通过基于双方总收益差值的概率确定是否采取对方的博弈策略，从而形成自己下一轮的博弈策略。

4.3.3.2 无标度集聚网络上知识共享演化分析

在无标度集聚网络结构上基于众包社区用户知识共享的演化博弈模型进行模拟仿真实验，是为了分析无标度集聚网络结构对众包社区用户知识共享演化趋势所产生的影响，具体分析一定的初始密度下，博弈收益参数 r 和网络结构参数——"二次连接方式"概率 q_w 共同作用下，众包社区用户知识共享博弈的演化趋势和均衡状态。

（1）知识共享者密度 P 的演化结果

通过使用 Matlab 算法进行编程，并分析初始密度为 0.3，博弈收益参数为 0.7 时，不同的"二次连接方式"概率 q_w 随迭代次数的变化趋势及演化规律。图 4.8 为基于无标度集聚网络上的众包社区用户知识共享演化的一次仿真结果，即初始密度和博弈参数一定，不同"二次连接方式"概率 q_w 与知识共享者密度 P 的时序演化比较图。从结果来看，无标度集聚网络上的知识共享者密度 P 随着迭代次数的增加而迅速增加，而后达到一个相对稳定的状态，但"二次连接方式"概率 q_w 对知识共享者密度 P 的影响不明显。

（2）知识共享者均衡密度 P_c 的演化结果分析

在对知识共享者密度 P 的演化结果分析的基础上，对无标度集聚网络上众包社区用户知识共享演化均衡进行分析，从而探讨初始密度 P_0 等于 0.3 时，不同的断边"二次连接方

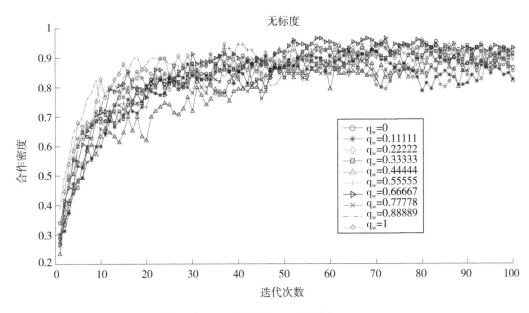

仿真实验参数取值：200 个节点，100 轮博弈，$p_0 = 0.3$，$r = 0.7$

图 4.8 无标度集聚网络上知识共享者密度演化比较图

式"概率 q_w 和博弈收益参数 r 共同作用下知识共享者均衡密度 P_c 的分布状况。图 4.9 是无标度集聚网络上众包社区用户知识共享演化的一次仿真实验结果，该结果旨在描述初始密度等于 0.3 时，"二次连接方式"概率 q_w 和博弈收益参数 r 与知识共享者均衡密度 P_c 的三者关系、基于不同的博弈收益参数下知识共享者均衡密度 P_c 随"二次连接方式"概率 q_w 变化的折线图。从实验结果来看，初始密度对知识共享的博弈演化影响不明显，"二次连接方式"概率 q_w 对知识共享者均衡密度并未表现出规律性的影响，成本收益率 r 越高，知识共享者均衡密度越低。

4.3.3.3 无标度集聚网络上知识共享的演化结论

（1）与 WS 小世界网络结构相比，无标度集聚网络的结构特征"二次连接方式"概率 q_w 更好地促进了知识共享博弈的演化，在相同的参数下，无标度集聚网络的知识共享者均衡密度 P_c 有了大幅度提升，但也呈现了不确定性的波动，而且"二次连接方式"概率 q_w 对知识共享者均衡密度的影响并未表现出规律性。

（2）无标度集聚网络结构上众包社区用户知识共享的演化博弈过程中，收益参数 r 对知识共享者均衡密度有一定的影响，成本收益率 r 数值越高，知识共享者均衡密度越低。

（3）无标度集聚网络结构特征和用户的策略分布结构之间的匹配程度是导致知识共享者均衡密度 P_c 显著增高和不确定增加的原因。

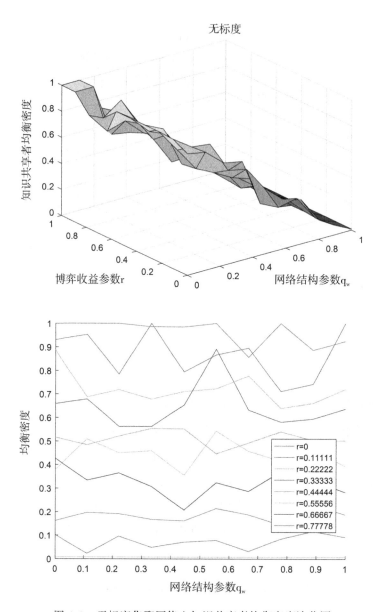

图 4.9 无标度集聚网络上知识共享者均衡密度演化图

4.4 考虑社会偏好的众包社区知识共享的演化博弈

复杂网络上演化博弈研究逐渐开始关注博弈个体的偏好，并成为研究的热点问题。Wu et al. (2006)[1]认为博弈个体会根据收益差异以一定的概率选择邻居的策略作为自己下

① Wu Z X, Xu X J, Wang Y H. Prisoner's dilemma game with heterogeneous influential effect on regular small-world networks[J]. Chinese Physics Letters, 2006, 23(23): 531-534.

一轮的博弈策略，而且优先选择复杂网络上影响力大的邻居的策略，研究结果表明选择影响力大的邻居的策略的偏好能够提高网络系统尤其是小世界网络上的合作水平。谢逢洁等(2010)[①]引入博弈个体在行为一致性的主观需求偏好，并结合博弈收益的客观需求，以近视最优反应规则探讨了行为一致性需求在方格网络和小世界网络上对群体合作行为的促进作用。同时，更多的学者开始将有限理性假设和社会偏好理论引入个体的决策选择和群体合作的演化研究。Lehmann & Keller(2006)[②]提出了一个综合的概念框架，形成了促进利他和合作演化的四个条件，这有助于澄清新旧模型之间的关系。Kulakowski & Gawrons(2009)[③]将利他主义和声誉作为驱动合作或者背叛的途径进行研究，但研究过程不考虑收益的作用，研究发现积极的利他主义的博弈参与者能够促进合作行为的产生。Ge et al.(2012)[④]将社会偏好引入供应链网络管理，通过建立供应商利他主义在供应链中影响的演化决策模型，结果发现供应商和供应链的绩效都由于利他主义的作用得到了改善。张静(2007)[⑤]将公平偏好引入知识共享博弈过程，研究发现公平偏好心理由于能够降低采取背叛策略概率，是博弈参与者的主观收益，因此能促进知识共享合作行为的产生。韩姣杰(2013)[⑥]结合新型项目团队的组织模式和行为经济学研究的最新发展趋势，在多主体参与的项目团队成员的效用函数中加入有限理性以及互惠和利他偏好等条件，运用演化博弈理论深入探讨了团队成员偏好属性对项目参与主体合作行为的影响。唐俊(2011)[⑦]通过建立社会偏好下的互惠行为偏好函数，详细探讨了互惠和利他行为对合作行为的影响规律。何国卿等(2016)[⑧]通过扩展斯密、帕累托和科斯等著名经济学家的思想，建立了一个包括互惠、公平、身份认同等社会性偏好的利他主义效用模型，是对经济学分析框架的进一步扩展。刘茜(2017)[⑨]构建了移动互联网情境下考虑社会偏好的不同网络拓扑结构上顾客契合演化博弈模型，研究发现社会偏好对网络社群顾客契合的演化均衡有明显的促进作用。

---

① 谢逢洁，崔文田，胡海华. 复杂网络中基于近视最优反应的合作行为[J]. 系统工程学报，2010，25(6)：804-811.

② Lehmann L, Keller L. The evolution of cooperation and altruisma general framework and a classification of models[J]. Journal of Evolutionary Biology，2006，19(5)：1365-1376.

③ Kulakowski K, Gawronski P. To cooperate or to defect? Altruism and reputation [J]. Physica A：Statistical Mechanics and its Applications，2009，388(17)：3581-3584.

④ Ge Z, Zhang Z K, Lu L, et al. How altruism works：an evolutionary model of supply networks[J]. Physica A：Statistical Mechanics and Its Applications，2012，391(3)：647-655.

⑤ 张静. 基于公平偏好的知识共享博弈研究[J]. 科技与管理，2007(6)：57-59.

⑥ 韩姣杰. 基于有限理性与互惠和利他偏好的项目多主体合作行为研究[D]. 成都：西南交通大学，2013.

⑦ 唐俊. 社会偏好下的互惠行为博弈扩展模型分析[J]. 广东商学院学报，2011，26(3)：12-16.

⑧ 何国卿，龙登高，刘齐平. 利他主义、社会偏好与经济分析[J]. 经济学动态，2016(7)：98-108.

⑨ 刘茜. 基于社会偏好的网络社群中顾客契合的演化机制及激励研究[D]. 北京：北京邮电大学，2017.

国内外学者就社会偏好和群体成员合作行为的关系进行了大量研究，但是学者们很少将复杂网络上用户之间的互动、知识共享情况以及策略演化的均衡置身于社会偏好的影响之下进行研究，尤其是众包社区用户知识共享策略选择问题更是很少涉及。因此，将社会偏好理论和有限理性假设引入众包社区知识共享问题研究，讨论社会偏好下众包社区用户知识共享参与行为决策演化与均衡意义重大。

4.4.1 考虑社会偏好的众包社区知识共享的收益函数

众包社区用户在知识共享的互动过程中，除了受到物质因素的影响外，基于有限理性假设的互惠偏好、利他偏好和公平偏好等社会偏好已经是至关重要的因素，因此将社会偏好引入众包社区用户知识共享的演化博弈中，通过对众包社区用户的社会偏好进行分析，形成基于社会偏好的众包社区用户知识共享博弈的收益函数，并以此为基础，构建方格网络、WS 小世界网络和无标度集聚网络三种网络结构上知识共享的演化博弈模型，然后通过 Matlab 编程模拟仿真社会偏好对众包社区用户知识共享演化产生的影响，深入探究考虑社会偏好时收益参数 r、WS 小世界网络的断边随机重连概率 q_x、无标度集聚网络的二次连接方式概率 q_w 等因素对众包社区用户知识共享的演化机制及动态均衡。

（1）考虑社会偏好的众包社区用户知识共享的收益函数

社会偏好的存在与强度大小对众包社区用户持续的知识共享行为、知识共享的数量与质量有着重要的作用。众包社区用户知识共享行为不仅能够影响自身收益，而且还能影响与之建立连接的其他社区用户，从而形成一定的社会收益。因此，假设众包社区用户的收益受到自身和其他社区用户收益的共同影响，用户之间持续地互动与知识共享，促进了众包社区知识共享博弈的演化。根据这一假设，社会偏好下众包社区用户在单轮知识共享过程中的收益函数 U_i 为：

$$U_i = \sum_{j \in W_i} U_i^s(S_i, S_j) + \lambda \sum_{j \in W_i} U_j^i(S_i) \qquad (公式 4.6)$$

其中 W_i 表示众包社区网络中与用户 i 相连的所有邻居的集合，U_i 代表用户 i 的收益，U_j^i 表示与用户 i 相连接的邻居 j 与其博弈策略相关的收益，$U_i^s(S_j, S_i)$ 表示众包社区用户 i 的博弈策略所产生的收益部分，由自身和所连接的用户 j 的行为决策共同决定，λ 表示用户 i 的社会偏好系数，其中 $0 \leqslant \lambda \leqslant 1$，$\lambda$ 取值越大，代表社会偏好程度越高，λU_j^i 代表用户 i 的社会收益，取决于其所连接的用户 j 与自身博弈策略相关的收益以及自身社会偏好的程度状况。

（2）知识共享演化中众包社区用户的收益函数

根据众包社区用户参与知识共享博弈的用户 i 的第 t 轮博弈的总收益函数 $U_i(t)$ 和基于社会偏好的众包社区用户在单轮知识共享博弈中的收益函数 U_i，构建考虑社会偏好的众包社区用户知识共享演化中的收益函数 $U_i^p(t)$，如公式 4.7 所示。

$$U_i^p(t) = \sum_{j \in W_i} S_i(t) \begin{pmatrix} 1 & 1-r \\ 1+r & 0 \end{pmatrix} S_j(t)^T + \sum_{j \in W_i} S_i(t) \begin{pmatrix} \lambda & 0 \\ 0 & 0 \end{pmatrix} S_j(t)^T \quad （公式4.7）$$

其中，$S_i(t)$ 表示众包社区用户 i 在第 t 轮博弈的策略向量，$S_j(t)^T$ 代表众包社区用户 i 相连的邻居用户 j 在第 t 轮博弈的策略向量的转置，$\begin{pmatrix} 1 & 1-r \\ 1+r & 0 \end{pmatrix}$ 表示众包社区用户知识共享博弈的收益矩阵，r 代表博弈收益参数，$\begin{pmatrix} \lambda & 0 \\ 0 & 0 \end{pmatrix}$ 表示社会偏好矩阵，即众包社区用户在知识共享博弈时因社会偏好影响而获得的收益，λ 代表社会偏好系数，当 λ 为 0 时，社会偏好不存在，则收益函数与不考虑社会偏好时的收益函数等同。

4.4.2　考虑社会偏好的方格网络上众包社区知识共享的演化博弈

方格网络上众包社区用户知识共享的演化研究是本章研究的重要参照，通过社会偏好存在与否时方格网络上众包社区用户知识共享的演化比较分析，将有助于阐释社会偏好对知识共享演化的影响。仿真实验采用 Matlab 算法编程，按照知识共享的博弈模型和基于模仿优胜者的复制动力学规则，在方格网络上就社会偏好的不同强度进行实验。实验进行 200 轮重复博弈，众包社区的用户数设定为 30×30＝900 人，初始密度 P_0 取 0.3。

4.4.2.1　考虑社会偏好的方格网络上知识共享的演化分析

（1）考虑社会偏好时基于方格网络的众包社区用户知识共享者密度 P 的演化结果在社会偏好系数 λ 取值为 0.3 时，初始密度参数 P_0 为 0.2 和 0.8、收益参数 r 为 0.2、0.5 和 0.8 时，对方格网络上众包社区知识共享的演化博弈进行仿真实验，探究知识共享者密度 P 随博弈时序数的演变趋势与演变规律。图 4.10 是知识共享者密度演化图。通过与图 4.4 不考虑社会偏好的演化图进行对比分析发现，考虑社会偏好系数时，知识共享者密度 P 比不考虑社会偏好系数时实现了更高水平的均衡。可见，社会偏好能够促进方格网络上的知识共享演化。

（2）不同社会偏好强度下知识共享者密度的演化分析

为了探究社会偏好对知识共享者密度的影响是否呈现出一定的规律性，在 30×30 个节点的方格网络上进行初始密度和博弈收益参数数值均为 0.3，不同社会偏好系数时知识共享演化的模拟仿真实验。图 4.11 是不同社会偏好系数的知识共享者密度演化比较图。实验结果表明，不同社会偏好系数下知识共享者密度 P 随博弈时序数的增加而呈现出不同程度的增长，并最终达到一定程度的动态均衡状态。

（3）知识共享者均衡密度 P_e 的演化结果分析

在对知识共享者密度 P 的演化结果分析的基础上，对方格网络上众包社区用户知识共

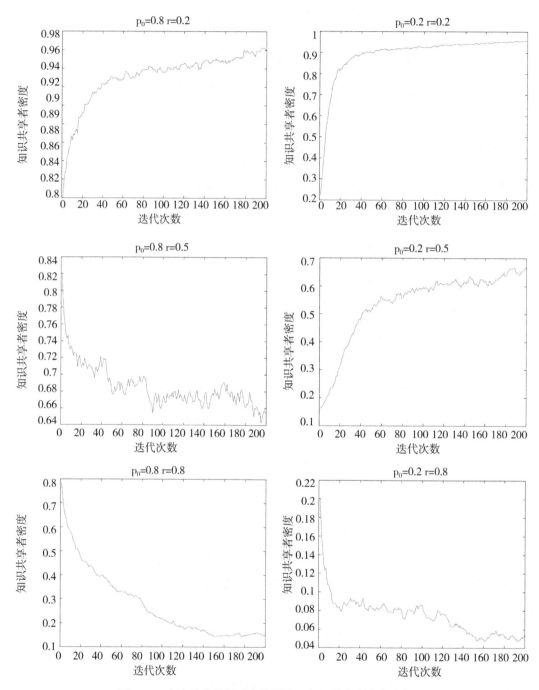

图 4.10　考虑社会偏好时方格网络上知识共享者密度演化图

享演化均衡进行分析，从而探讨初始密度 P_0 一定时，不同的社会偏好系数和博弈收益参数
共同作用下知识共享者均衡密度 P_c 的分布状况。图 4.12 是方格网络上众包社区用户知识
共享演化的一次仿真实验结果，该结果旨在描述初始密度一定时，社会偏好系数和博弈收

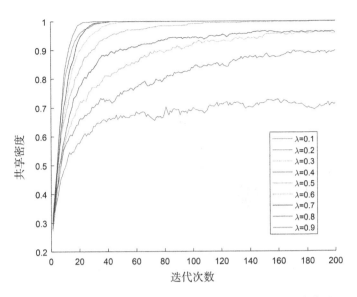

图 4.11 方格网络上不同社会偏好下知识共享者密度演化图

益参数保持步长 0.1 的变化时知识共享者均衡密度 P_c 的三者关系和基于不同的博弈收益参数下知识共享者均衡密度 P_c 随社会偏好系数 λ 变化的情况。从实验结果来看，社会偏好对方格网络上众包社区用户知识共享演化过程中，存在知识共享者均衡密度 P_c 变化的不确定性。

4.4.2.2 考虑社会偏好的方格网络上知识共享的演化结论

(1) 社会偏好对方格网络上众包社区知识共享博弈的演化有显著的促进作用。在知识共享演化过程中，社会偏好稳步提升了知识共享者密度，同时也减少知识共享者密度波动的程度。在其他条件一定时，社会偏好系数取值越大，合作程度越高，并随博弈时序数的增加，开始阶段快速增大，最终达到较高水平的合作均衡。

(2) 考虑社会偏好的情况下，社会偏好系数和博弈收益参数都对知识共享演化存在规律性的影响，社会偏好系数越大，对众包社区知识共享的博弈演化促进作用越大，而博弈收益参数越大，对博弈演化的抑制作用越大。

(3) 考虑社会偏好的情况下，方格网络上众包社区知识共享博弈演化存在知识共享者均衡密度变化不确定的现象，原因在于用户初始策略分布结构的差异性。

4.4.3 考虑社会偏好的 WS 小世界网络上众包社区知识共享的演化博弈

考虑社会偏好的 WS 小世界网络上众包社区用户知识共享演化仿真实验采用 Matlab 算法编程，按照知识共享的博弈模型和基于模仿优胜者的复制动力学规则，进行 100 轮重复

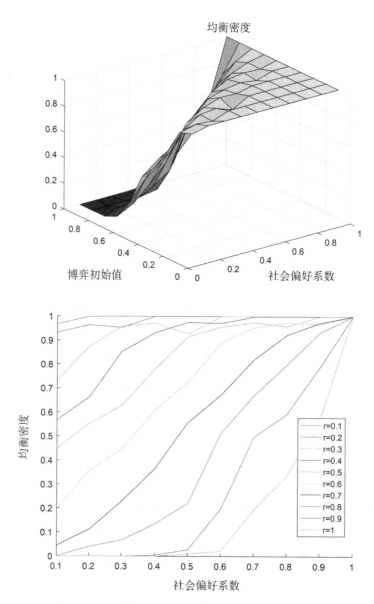

图 4.12 考虑社会偏好的方格网络上知识共享均衡密度的演化图

博弈，众包社区的用户数设定为 200 人，初始密度 P_0 取 0.3，博弈收益参数 r 取 0.7。

4.4.3.1 考虑社会偏好的 WS 小世界网络上知识共享的演化分析

(1) WS 小世界网络上知识共享者密度 P 的演化结果

当社会偏好系数分别是 0.1 和 0.7 时，对 WS 小世界网络结构上众包社区用户知识共享的演化博弈过程进行仿真实验，探究初始密度为 0.3，博弈收益参数为 0.7 时，不同的断边随机重连概率下知识共享者密度随迭代次数的变化趋势及规律。图 4.13 是偏好系数

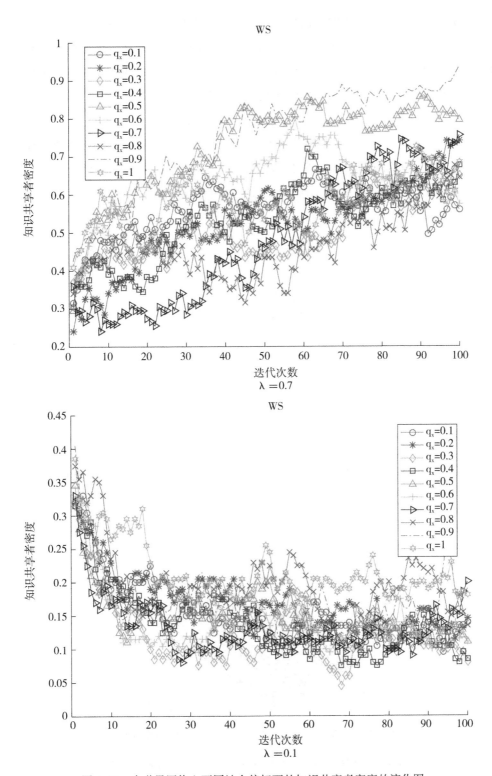

图 4.13 小世界网络上不同社会偏好下的知识共享者密度的演化图

为 0.7 和 0.1 时知识共享演化的一次仿真结果。从实验结果来看,WS 小世界网络上的知识共享者密度 P 随迭代次数的增加会呈现出一定程度的波动,但随机重连概率 q_x 对知识共享的演化存在规律性的促进作用,随机重连概率数值越高,知识共享者密度 P 越高,而且社会偏好系数数值越大,对知识共享的演化促进作用越强。

(2)WS 小世界网络上知识共享者均衡密度 P_c 的演化结果

在 WS 小世界网络上进行初始密度为 0.3,博弈收益参数为 0.7,断边随机重连概率和社会偏好共同作用下的仿真实验。实验结果如图 4.14 所示。从实验结果来看,知识共享者均衡密度随社会偏好系数和断边随机重连概率的增大而增加,而初始密度对知识共享者均衡密度影响不明显。

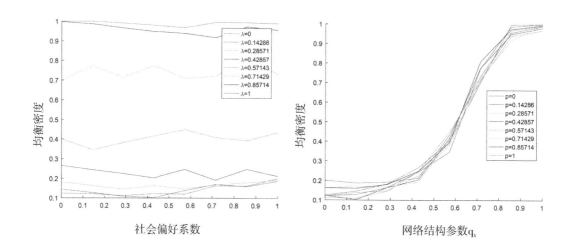

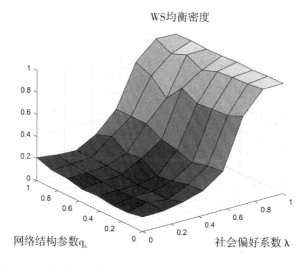

图 4.14　考虑社会偏好的小世界网络上知识共享均衡密度演化图

4.4.3.2 考虑社会偏好的 WS 小世界网络上知识共享的演化结论

(1)社会偏好对 WS 小世界网络上众包社区用户知识共享呈现出规律性的促进作用。社会偏好系数 λ 数值越大，众包社区知识共享者均衡密度 P_c 水平也就越高。

(2)WS 小世界网络的断边随机重连概率 q_x 对众包社区用户知识共享者均衡密度 P_c 呈现出规律性的影响。断边随机重连概率 q_x 值越大，知识共享者均衡密度 P_c 水平有一定程度的提高。

(3)考虑社会偏好时，WS 小世界网络上众包社区知识共享博弈演化仍呈现出一定程度的波动性，但是小世界网络的结构特征减缓知识共享演化波动性，使知识共享者均衡密度 P_c 的变化更为平缓。

4.4.4 考虑社会偏好的无标度集聚网络上众包社区知识共享的演化博弈

考虑社会偏好的无标度集聚网络上众包社区用户知识共享演化仿真实验采用 Matlab 算法编程，按照知识共享的博弈模型和基于模仿优胜者的复制动力学规则，进行 100 轮重复博弈，众包社区的用户数设定为 200 人，初始密度 P_0 取 0.3，博弈收益参数 r 取 0.7。

4.4.4.1 考虑社会偏好的无标度集聚网络上知识共享的演化分析

(1)基于社会偏好比较的无标度集聚网络上知识共享者密度 P 的演化结果

当社会偏好系数分别是 0.1 和 0.7 时，对无标度集聚网络结构上众包社区用户知识共享的演化博弈过程进行仿真实验，探究初始密度为 0.3，博弈收益参数为 0.7 时，不同的二次连接方式概率 q_w 下知识共享者密度随迭代次数的变化趋势及规律。图 4.15 是偏好系数为 0.7 和 0.1 时知识共享演化的一次仿真结果。从实验结果来看，无标度集聚网络上的知识共享者密度 P 随迭代次数的增加呈现出不确定的波动，二次连接方式概率 q_x 对知识共享的演化无明显的作用，社会偏好系数数值越大，对知识共享的演化促进作用越强，而且在一定程度上减缓了知识共享者密度的波动性和不确定性。

(2)无标度集聚网络上知识共享者均衡密度 P_c 的演化结果

在无标度集聚网络上进行初始密度为 0.3，博弈收益参数为 0.7，二次连接方式概率和社会偏好共同作用下的仿真实验。实验结果如图 4.16 所示。从实验结果来看，知识共享者均衡密度随社会偏好系数增大而增加，而二次连接方式概率 q_w 对知识共享者均衡密度影响不明显。

4.4.4.2 考虑社会偏好的无标度集聚网络上知识共享的演化结论

(1)社会偏好对无标度集聚网络上众包社区用户知识共享呈现出规律性的促进作用。

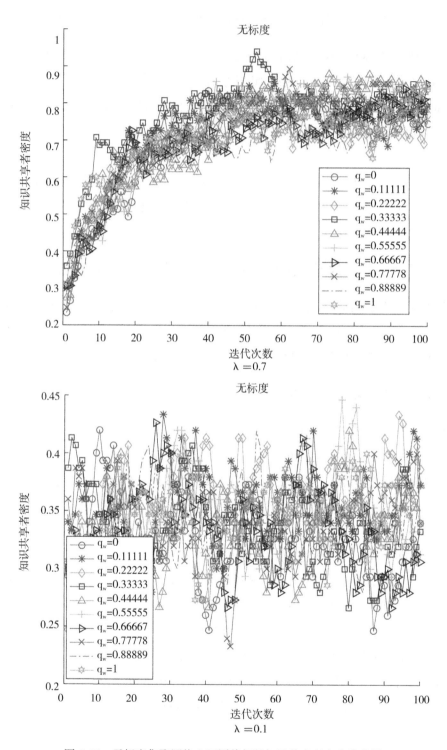

图 4.15 无标度集聚网络上不同偏好的知识共享者密度演化图

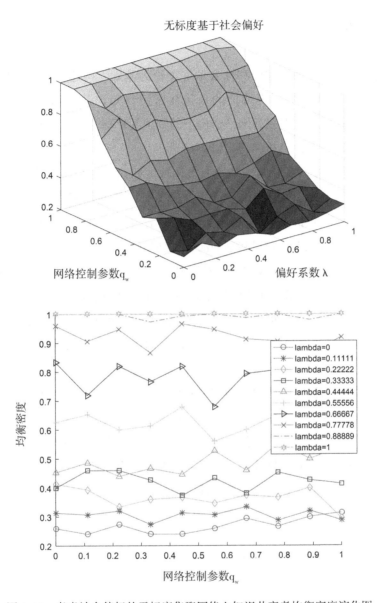

图 4.16 考虑社会偏好的无标度集聚网络上知识共享者均衡密度演化图

社会偏好系数 λ 数值越大，众包社区知识共享者均衡密度 P_c 水平也就越高。

（2）无标度集聚网络的二次连接方式概率 q_x 对众包社区用户知识共享者均衡密度 P_c 的影响并不明显，这说明了无标度集聚网络集聚特性对知识共享演化的影响并不大。

（3）考虑社会偏好时，无标度集聚网络中众包社区知识共享博弈演化虽然呈现出一定的规律性，但是由于无标度集聚网络呈现幂率分布的结构特征使知识共享者均衡密度 P_c 的波动幅度增大，不确定性有所增强。

4.5　本章小结

本章以复杂网络演化博弈理论和社会偏好理论为基础，构建了基于方格网络、WS 小世界网络和无标度集聚网络结构特征的众包社区用户知识共享的演化博弈模型，通过 Matlab 编程对众包社区用户在三种网络结构上的知识共享演化及动态均衡进行模拟仿真实验，并对实验结果进行对比分析，得出以下结论：

（1）不考虑社会偏好时三种网络结构上众包社区知识共享的演化分析。通过对不考虑偏好时三种网络结构上知识共享的演化均衡分析发现，方格网络结构并未对知识共享演化产生促进作用，WS 小世界网络和无标度集聚网络结构都对知识共享演化有一定的促进作用，但无标度集聚网络结构上知识共享的演化呈现出较强的不确定性。

（2）不考虑社会偏好时博弈收益参数对三种网络结构上的知识共享者均衡密度有一定的抑制作用，WS 小世界网络的断边随机重连概率对知识共享者均衡密度呈现规律性的影响，无标度集聚网络的二次连接方式概率对知识共享者均衡密度无规律性影响。

（3）考虑社会偏好时三种网络结构上众包社区知识共享的演化分析。通过对考虑偏好时三种网络结构上知识共享的演化均衡分析发现，社会偏好对方格网络、WS 小世界网络和无标度集聚网络等三种网络结构上的知识共享演化有促进作用，但在方格网络上存在演化的不确定性，无标度集聚网络上的演化具有较强的不确定性。

通过本章对是否考虑偏好的众包社区知识共享者密度和知识共享者均衡密度演化比较分析以及不同网络结构上的演化分析，发现社会偏好对众包社区知识共享的演化具有明显的促进作用，关于社会偏好如何促进众包社区的知识共享将在下一章展开讨论。

5　社会偏好视角下众包社区知识共享的实现机制

　　众包社区的建立旨在鼓励网络大众积极参与，为企业的发展提供知识和创意，但是以知识为代表的无形资产其所有权难以界定，一旦通过分享被他人获取后产权归属很难确定。因此，众包社区用户在知识共享和创意互动中往往不愿意贡献具有价值的知识和创意，或者仅仅是在社区互动过程中"潜水"或者"搭便车"，导致众包社区用户互动不积极、有价值的知识和创新创意较少等一系列问题，这也成为阻碍众包社区发展的瓶颈。但与此同时，部分众包社区用户在知识共享的过程中呈现出大量亲社会行为，他们进行知识共享往往基于彼此间的信任，而且移动互联网情景下众包社区用户知识共享参与行为除了受到个人物质利益动机驱动外，越来越多的是受到互惠性、利他性、公平性等基于有限理性假设的社会偏好的影响。通过上文的研究发现社会偏好对众包社区知识共享的演化具有规律性的促进作用，可见社会偏好是影响众包社区知识共享的重要因素。为了进一步揭示社会偏好如何影响众包社区知识共享的"黑箱"，结合计划行为理论和社会资本理论，本章对社会偏好下众包社区知识共享的实现机制进行探究，从而保证众包社区持续、健康和有效的运转，为当前社会环境下众包平台的健康高效发展提供可供参考的策略建议。

5.1　理论基础

5.1.1　计划行为理论

　　计划行为理论是由 Ajzen 在理性行为理论基础上发展起来的。理性行为理论成立的前提是人是理性的，人们在做出行为决策前会综合各种已有的信息对行为所产生的结果进行全面的评估。该理论认为可以根据人们的行为意向预测行为，而行为意向很大程度上取决于态度和主观规范，此外，理性行为理论暗含个人对自我行为有完全控制能力的假设。但实际上人并不能完全控制自己的行为，人的行为往往会受到外部机会和资源等因素的影响，因此 Ajzen 对理性行为理论进行了修正，提出了计划行为理论。计划行为理论认为人们对事物的态度和信念、工作环境、人格特征等影响行为态度、主观规范和感知控制；行为态度、主观规范和感知控制又进一步在影响行为意向的基础上对具体行为产生影响。

5.1.2 社会资本理论

Bourdieu(1985)①率先对社会资本进行界定并应用到社会学的研究中，他指出社会资本是实际或者潜在的所有资源的集合，这些集合体与人们认可的网络关系相联系。Putanm将社会资本理论引入经济学和政治学的研究中，得到了学术界的极大关注。Nahapiet & Ghoshal(1998)②率先从社会资本理论视角研究知识共享行为，并将社会资本划分成结构、关系和认知三个维度，这一划分方法得到了广泛认可。Lane & Lubatkin(1998)③认为社会资本对个人知识共享的程度有显著影响。Wasko & Faraj(2005)④率先将社会资本理论引入在线社区的知识共享研究。总体来说，社会资本是一种资源或能力，能够促进实体组织和虚拟组织成员之间的知识共享。

5.2 假设提出与理论模型构建

5.2.1 满意和知识共享的关系

满意是研究个体行为规律的重要概念。Kolter(2000)⑤认为满意是一个人高兴或失望的感觉，这种感觉源于知识共享的感知绩效(或结果)与其自身期望的比较。Patterson & Spreng(1997)⑥则认为满意是一种与强烈的唤醒状态有关的情感反应，从而导致对特定目标的集中关注并可能对正在进行的行为产生影响。龚主杰和赵文军(2013)⑦则进一步对满意的概念进行了阐述，他们认为满意是通过实际体验与自身预期的对比所形成的具有很强的主观认知性的评价。可见，满意是个体通过实际与预期的比较所形成的对产品或者服务的情感，个体感知的满意程度会对其行为产生影响，主要表现为行为的重复发生。对满意

① Bourdieu P, The forms of capital, handook of the theory and research for the sociology of education[M]. New York: Greenwood, 1985: 241-258.

② Nahapiet J, Ghoshal S. Social capital, intellectual capital, and the organizational advantage [J]. Academy of Management Review, 1998, 23(2): 242-266.

③ Lane P J, Lubatkin M. Relative absorptive capacity and interorganizational learning[J]. Strategic Management Journal, 1998, 19(5): 461-477.

④ Wasko M M L, Faraj S. Why should I share? Examining social capital and knowledge contribution in electronic networks of practice[J]. MIS Quarterly, 2005, 29(1): 35-57.

⑤ Kolter P. Marketing Management[M]. Prentice-Hall, Engle Wood Cliff, NJ, 2000.

⑥ Patterson, Paul G. Spreng, Richard A. Modelling the relationship between perceived value, satisfaction and repurchase intentions in a business-to-business, services context: an empirical examination[J]. International Journal of Service Industry Management, 1997.

⑦ 龚主杰，赵文军. 虚拟社区知识共享持续行为的机理探讨：基于心理认知的视角[J]. 情报理论与实践, 2013, 36(6): 27-31.

的研究首先关注了其对顾客忠诚和顾客重复购买行为的影响，随着研究范围的不断拓展，满意因素被用于对信息系统的持续使用行为影响的研究，Bhattacherjee(2001)①以期望确认理论模型为基础，对用户使用在线银行系统的行为进行了调查研究，结果发现满意对用户使用行为有显著的正向影响。Lin，Wu & Tsai(2005)②研究结果表明用户满意度对网站用户持续访问行为有显著正向影响。Chiu et al.（2011)③整合预期不确定理论和公平理论对虚拟社区的知识共享行为进行了研究，结果表明满意对持续知识共享意向有显著正向影响。国内学者张晓亮(2015)④的研究则证实了中国情境下问答社区用户满意对知识共享持续行为有积极的正向影响。陈明红(2015)⑤以科学网社区用户为调研对象深入探究了影响学术虚拟知识共享的关键因素，研究表明满意度对知识共享有显著正向影响。根据计划行为理论，满意作为态度的一种表现形式，会对行为产生影响，因此结合前人的研究结论，提出以下假设：

H1：众包社区用户满意度正向影响知识共享。

5.2.2 公平敏感性、满意和知识共享的关系

美国心理学家亚当斯提出的公平理论假设获得公平回报的个体会感到满意。根据社会交换理论(Blau，1964)，当一个人参与虚拟社区知识共享时，表明与其他社区成员正在签订一项心理契约，其他成员将按心理契约公平地履行其回报的义务，如果违反心理契约会导致知识贡献者的不满情绪。Wasko & Faraj(2000)⑥对电子实践网络中的知识共享行为进行了研究，结果发现强烈的互惠感和公平感能够促进知识共享。郭起宏和万迪昉(2008)⑦基于行为经济学视角对电力行业感知公平感和薪酬满意度的关系进行了实证研究，研究结果表明感知结果公平和过程公平均对员工薪酬满意度有显著的正向影响。Chiu et al.(2009)⑧基于技术接受模型和公平理论的整合模型研究了顾客对网络购物的忠诚度，研究

① Bhattacherjee, Anol. Understanding information systems continuance: an expectation-confirmation model[J]. MIS Quarterly, 2001: 351-370.

② Lin, Cathy S, Wu, Sheng, Tsai, Ray J. Integrating perceived playfulness into expectation-confirmation model for web portal context[J]. Information & Management, 2005, 42(5): 683-693.

③ Chiu C M, Hsu M H, Wang E T G. Understanding knowledge sharing in virtual communities: an integration of expectancy disconfirmation and justice theories[J]. Online Information Review, 2011, 35(1): 134-153.

④ 张晓亮. 虚拟社区用户持续知识共享行为研究[D]. 杭州：浙江工商大学，2015.

⑤ 陈明红. 学术虚拟社区用户持续知识共享的意愿研究[J]. 情报资料工作，2015(1)：41-47.

⑥ Wasko, M. McLure, Faraj, Samer. "It is what one does": Why people participate and help others in electronic communities of practice[J]. The Journal of Strategic Information Systems, 2000: 155-173.

⑦ 郭起宏，万迪昉. 薪酬公平感与员工满意度关系的实证研究[J]. 统计与决策，2008(13)：91-93.

⑧ Chiu C M, Lin H Y, Sun S Y, et al. Understanding customers' loyalty intentions towards online shopping: an integration of technology acceptance model and fairness theory [J]. Behaviour & Information Technology, 2009, 28(4): 347-360.

发现，顾客感知的分配公平和互动公平对顾客满意有显著的正向影响，同时感知分配公平、程序公平和互动公平通过信任影响顾客满意。Chiu et al.（2007）[①]在整合信息系统成功模型和公平理论的基础上，构建了学习者持续参与网络学习的动机模型，研究发现感知分配公平和互动公平对网络学习者的满意度有显著影响。之后，Chiu et al.（2011）[②]通过对开放式专业虚拟社区知识共享进行实证研究，发现感知分配公平和交互公平对社区用户满意有显著正向影响，究其原因是知识共享者拥有关于如何与其他成员互动以及其他成员是否会公平履行互惠义务的完整信息。根据计划行为理论，信念或人格特征会对人的态度产生影响，而公平敏感性可以理解为人格特征，因此结合相关研究，提出以下假设：

H2：公平敏感性正向影响众包社区用户知识共享的满意度。

同时，一些文献还对网络环境下感知公平对用户行为的影响进行了研究。Chiu et al.（2007）研究发现感知程序公平对学习者持续参与基于网络的学习有着重要的促进作用。之后 Chiu et al.（2011）基于公平理论视角对虚拟社区知识共享进行了研究，研究结果表明，感知分配公平和互动公平作为认知性社会资本通过虚拟社区成员的满意度影响持续知识共享意愿。Fang & Chiu（2010）[③]对虚拟实践社区成员自愿并持续通过知识共享帮助其他社区成员的驱动机理进行了研究，该研究通过整合公平理论、信任理论和组织公民行为理论，对影响知识共享的前因进行了分析，结果发现感知程序公平和信息公平通过对社区管理的信任以及责任行为对知识共享持续意向产生促进作用。胡新平等（2013）将研发人员公平偏好的心理特征纳入团队知识共享的概念模型，研究结果表明公平偏对具有同情偏好的研发人员的知识共享有显著的促进作用。我国学者严贝妮和叶宗勇（2017）认为感知社区公平是一种认知资本，是虚拟社区用户信任的主要来源，能够对虚拟社区知识共享行为产生直接影响。

公平敏感性和公平感在概念上有一定的差异，但是公平敏感性作为一种人格特征或信念，仍然可以看作一种认知资本。根据社会资本理论，公平敏感性作为资源，能够促进虚拟组织成员之间的知识共享，因此结合前人的研究结论，特提出如下假设：

H3：公平敏感性正向影响众包社区用户知识共享。

---

① Chiu, C M., Chiu C. S., Chang, H. Examining the integrated influence of fairness and quality on learners' satisfaction and webbased learning continuance intention[J]. Information Systems Journal, 2007, 17(3)：271-287.

② Chiu C M, Hsu M H, Wang E T G. Understanding knowledge sharing in virtual communities：an integration of expectancy disconfirmation and justice theories[J]. Online Information Review, 2011, 35(1)：134-153.

③ Fang Y H, Chiu C M. In justice we trust：Exploring knowledge sharing continuance intentions in virtual communities of practice[J]. Computers in Human Behavior, 2010(26)：235-246.

5.2.3 互惠性、满意和知识共享关系

互惠被认为是个人参与社会交换所获得收益，人们期望自己的付出能够在未来获得某种回报。互惠性行动取决于他人是否给予回报，并且当回报预期未能达成时会停止。虚拟社区的用户期望互惠，以便他们付出时间和精力贡献知识的行为得到补偿。Wasko & Faraj（2000）认为强烈的互惠感能够产生满意并促进知识共享。李双燕和万迪昉（2009）把互惠划分为广义互惠、平衡互惠和负互惠，研究结果表明，中国文化背景下广义互惠和平衡互惠对员工工作满意度呈正向影响，负互惠对员工工作满意度呈负向影响。Cheung & Lee（2007）[①]对驱动虚拟专业社区持续知识共享的因素进行了探究，结果表明互惠预期有较高确认的用户与知识共享的满意度正相关。Jin et al.（2013）[②]通过对中国在线知识问答社区知识共享的研究，发现互惠性通过知识自我效能和确认对社区用户知识共享的满意度有正向影响。根据计划行为理论，互惠作为人的信念或人格特征，会对态度产生影响，因此提出如下假设：

H4：互惠性对众包社区用户知识共享的满意度有正向影响。

本研究中，互惠性是指人们的突出信念，即当前的知识共享将导致未来对知识的需求得到满足。Davenport & Prusak（1998）[③]认为知识交易中互惠是促进知识共享的主要因素之一。Wasko & Faraj（2000）[④]认为在在线社区分享知识的人们相信其他成员的互惠性。Kankanhalli et al.（2005）[⑤]研究发现任何电子实践网络社区当分享知识的人相信互惠时，知识共享就会得到促进。Chiu et al.（2006）[⑥]研究发现，互惠规范与虚拟社区知识共享的数量呈正相关。一般来说，由于虚拟社区参与的开放性和自愿性，参与者彼此不熟悉，知识寻求者无法控制谁会回答他们的问题或问题回答的质量，知识贡献者也无法保证他们所

---

① Christy M. K. Cheung, Matthew K. O. Lee. What drives members to continue sharing knowledge in a virtual professional community? The role of knowledge self-efficacy and satisfaction [C]//Knowledge Science, Engineering and Management, Second International Conference, KSEM 2007, Melbourne, Australia, November 28-30, 2007, Proceedings. DBLP, 2007.

② JIN, Xiao-Ling, et al. Why users keep answering questions in online question answering communities: a theoretical and empirical investigation [J]. International Journal of Information Management, 2013, 33(1): 93-104.

③ Davenport T H, Prusak L. Working knowledge: How organizations manage what they know [M]. Brighton: Harvard Business Press, 1998.

④ Wasko, M. McLure, Faraj, Samer. "It is what one does": Why people participate and help others in electronic communities of practice [J]. The Journal of Strategic Information Systems, 2000: 155-173.

⑤ Kankanhalli A, Tan B C Y, Wei K K. Contributing knowledge to electronic knowledge repositories: an empirical investigation [J]. MIS Quarterly, 2005, 29(1): 113-143.

⑥ Chiu C, Hsu M H, Wang E T G. Understanding knowledge sharing in virtual communities: an integration of social capital and social cognitive theories [J]. Decision Support Systems, 2006, 42 (3): 1872-1888.

帮助的人会回报自己的付出,这与传统的实践社区和面对面的知识交流形成了鲜明的对比,传统社区中人们通常相互了解,并随着时间的推移加深认识,从而产生了通过社会制裁强制执行的义务和互惠行为。互惠代表了一种行为模式,即人们用类似的行为来回应友好或敌对的行为。Chang & Chuang(2011)①研究证明了来自参与者的互惠性正向影响虚拟社区成员知识共享的数量和质量。国内学者也进行了大量研究,陈明红和漆贤军(2014)②将互惠作为认知性社会资本的一个因素,通过实证研究发现互惠对学术虚拟社区知识共享的数量和质量产生正向影响。胡昌平和万莉(2015)③研究发现互惠规范与虚拟社区用户的知识搜索行为和知识共享行为具有显著的正向影响。根据相关研究成果,许多学者将互惠性看作一种关系资本,结合社会资本理论,特提出以下假设:

H5:互惠性对众包社区用户的知识共享有正向影响。

5.2.4 利他性、满意和知识共享的关系

利他性是增强虚拟社区知识共享行为的主要驱动因素之一。Yu & Chu(2007)④认为利他是一种组织公民行为,当一群个体为了达成某种特定目标在一起工作时,他们往往会不计回报的增加利他行为。Wasko & Faraj(2000)⑤对电子实践社区中人们参与帮助他人的原因进行了探究,结果表明人们贡献知识的主要内在动机是知识追求和解决问题过程的挑战性或趣味性以及乐于助人所获得的满足感。Kankanhalli et al. (2005)⑥通过实证研究发现员工参与知识共享的原因之一是享受帮助他人的乐趣,即利他主义。Zhang et al. (2017)⑦研究发现利他行为能够增加健康专业人士的满意度,一般的用户由于帮助他人能够实现自身社会价值和乐趣,因此也会进行知识贡献的利他行为。陈露(2019)⑧对高中学生生活满

---

① Chang H H, Chuang S S. Social capital and individual motivations on knowledge sharing: participant involvement as a moderator[J]. Information & Management, 2011, 48(1): 9-18.

② 陈明红,漆贤军. 社会资本视角下的学术虚拟社区知识共享研究[J]. 情报理论与实践,2014, 37(9): 101-105.

③ 胡昌平,万莉. 虚拟知识社区用户关系及其对知识共享行为的影响[J]. 情报理论与实践,2015, 38(6): 71-76.

④ Yu C P, Chu T H. Exploring knowledge contribution from an OCB perspective[J]. Information & Management, 2007, 44(3): 321-331.

⑤ Wasko, M. McLure, Faraj, Samer. "It is what one does": Why people participate and help others in electronic communities of practice[J]. The Journal of Strategic Information Systems, 2000: 155-173.

⑥ Kankanhalli A, Tan B C Y, Wei K K. Contributing knowledge to electronic knowledge repositories: an empirical investigation[J]. MIS Quarterly, 2005, 29(1): 113-143.

⑦ Zhang X, Liu S, Deng Z, et al. Knowledge sharing motivations in online health communities: a comparative study of health professionals and normal users[J]. Computers in Human Behavior, 2017, 75: 797-810.

⑧ 陈露. 高中生核心自我评价、感知到的学校氛围、利他行为与生活满意度的关系[J]. 中小学心理健康教育,2019(16): 4-9.

意度进行了实证研究，结果发现利他行为的两个维度网络利他行为和现实利他行为均对生活满意度有显著的正向影响。赵文军（2012）①对影响虚拟社区知识共享可持续行为的内在机理进行了深入研究，结果发现利他对感知价值具有正向影响，而感知价值对满意度具有正向影响。根据计划行为理论，利他作为人的信念或人格特征，会对态度产生影响，因此提出如下假设：

H6：利他性对众包社区用户知识共享的满意度有正向影响。

虚拟社区中关于利他和知识共享的研究，国内外学者进行了大量的研究。Hars & Qu（2002）②研究发现利他性是激励程序爱好者参与开放源码项目的动力。Kwok & Gao（2004）③则强调了利他是驱动 P2P 社区成员参与知识贡献的动机之一。Fang & Chiu（2010）④研究也表明虚拟社区成员的利他性与知识贡献的持续意向正向相关。Chen，Fan et al.（2014）⑤对利他性和信任在教师专业人员虚拟社区中的作用进行了探究，研究发现利他性对社区信任与知识共享意向之间的关系有调节作用，社区成员利他行为的频率越高，信任与知识共享意向之间的正向关系就越显著。Zhang et al.（2017）⑥对在线健康社区的利他行为进行了研究，结果同样发现当他们分享知识和经验得到他人采纳时会非常高兴，利他性与在线健康社区知识共享意向正相关。国内学者李志宏等（2009）⑦、赵越岷等（2010）⑧、彭昱欣等（2019）⑨、张星等（2018）⑩的研究成果也证实了利他性对知识共享的

① 赵文军. 虚拟社区知识共享可持续行为研究[D]. 武汉：华中师范大学，2012.

② Hars, Alexander, Qu, Shaosong. Working for free? Motivations for participating in open-source projects[J]. International Journal of Electronic Commerce, 2002, 6(3)：25-39.

③ Kwok, James S. H, Gao, S. Knowledge sharing community in P2P network：a study of motivational perspective[J]. Journal of Knowledge Management, 2004, 8(1)：94-102.

④ Fang Y H, Chiu C M. In justice we trust：Exploring knowledge sharing continuance intentions in virtual communities of practice[J]. Computers in Human Behavior, 2010(26)：235-246.

⑤ Chen H L, Fan H L, Tsai C C. The role of community trust and altruism in knowledge sharing：An investigation of a virtual community of teacher professionals[J]. Journal of Educational Technology & Society, 2014, 17(3)：168-179.

⑥ Zhang X, Liu S, Deng Z, et al. Knowledge sharing motivations in online health communities：A comparative study of health professionals and normal users[J]. Computers in Human Behavior, 2017, 75：797-810.

⑦ 李志宏，李敏霞，何济乐. 虚拟社区成员知识共享意愿影响因素的实证研究[J]. 图书情报工作，2009, 53(12)：53-56.

⑧ 赵越岷，李梦俊，陈华平. 虚拟社区中消费者信息共享行为影响因素的实证研究[J]. 管理学报，2010, 7(10)：1490-1494, 1501.

⑨ 彭昱欣，邓朝华，吴江. 基于社会资本与动机理论的在线健康社区医学专业用户知识共享行为分析[J]. 数据分析与知识发现，2019, 3(4)：63-70.

⑩ 张星，吴忧，夏火松，等. 基于S-O-R模型的在线健康社区知识共享行为影响因素研究[J]. 现代情报，2018, 38(8)：18-26.

影响。利他性可以看作认知资本的一种，根据相关研究成果，并结合社会资本理论，提出以下假设：

H7：利他性对众包社区用户的知识共享有正向影响。

5.2.5 对贡献的认可和规范社区压力的调节作用

Gruen & Axito(2000)①将对贡献的认可定义为在线社区对成员贡献的认可和重视。Allen et al. (2003)②研究结果表明当组织能够对员工的贡献给予公正的认可和奖励，充分表明组织对员工的关心，这将使员工对组织产生更强的依赖和热爱。Shao(2009)③认为当员工感知到组织重视他们的贡献并且建立了正式对贡献的认可机制时，他们将互惠行为发展成义务行为，从而使组织受益。组织受益内容通常包括参与组织公民行为、提出提高组织效能的建议以及更好地完成个人的工作任务等。Williams & Hazer(1986)④研究发现当个体或组织对人们的贡献适当地给予积极的反馈和奖励时，人们的积极情感会得到加强。因此，如果社区明确对成员的贡献给予重视和关心，成员会增加自己的知识贡献水平，从而提升社区参与的活跃度和黏性(Kuo & Feng，2013)。⑤ 与实体组织不同，虚拟社区通常缺乏物质奖励，如果社区成员的知识共享行为不能得到及时的认可，社区成员的满意度会下降，从而减少甚至停止知识共享，当社区成员得到了社区管理者或其他成员的积极反馈，有利于满足成员的内在动机，满意度提升，进而促进知识共享行为(Peccei，2007)。⑥ Yang & Huang(2017)⑦研究发现，对贡献的认可对在线社区成员的情感承诺有正向影响，从而激发成员参与热情。

① Gruen T W, Acito S F. Relationship marketing activities, commitment, and membership behaviors in professional associations[J]. Journal of Marketing, 2000, 64(3): 34-49.

② Allen D G, Shore L M, Griffeth R W. The role of perceived organizational support and supportive human resource practices in the turnover process[J]. Journal of Management, 2003, 29(1): 99-118.

③ Shao G. Understanding the appeal of user-generated media: a uses and gratification perspective[J]. Internet Research, 2009, 19(1): 7-25.

④ Williams L J, Hazer J T. Antecedents and consequences of satisfaction and commitment in turnover models: a reanalysis using latent variable structural equation methods[J]. Journal of Applied Psychology, 1986, 71(2): 219-231.

⑤ Kuo Y F, Feng L H. Relationships among community interaction characteristics, perceived benefits, community commitment, and oppositional brand loyalty in online brand communities[J]. International Journal of Information Management, 2013, 33(6): 948-962.

⑥ Peccei L R. Perceived organizational support and affective commitment: the mediating role of organization-based self-esteem in the context of job insecurity[J]. Journal of Organizational Behavior, 2007, 28(6): 661-685.

⑦ Yang X, Li G, Huang S S. Perceived online community support, member relations, and commitment: differences between posters and lurkers[J]. Information & Management, 2017, 54(2): 154-165.

Hsu(2015)①认为规范社区压力是指在社区网络中，当个人意识到他们不能完全接受社区规范时所感受到的压力。规范社区压力往往成为一种无形的威胁，对社区成员的态度和行为产生影响，尤其是社区管理者或其他社区成员的期待超出个体所能承受的范围时，就会导致社区成员的角色超载，从而引发心理抗拒。为了重新获得自主和轻松感，社区成员往往采取减少知识共享的参与，从而降低压力感知(谢晓飞，2018)。② 这和社会心理学的一致性理论的观点是一致的，即当人们所感知的外部环境变化时，新的刺激或者压力会对人们原有的认知形成冲击，为了保持认知的一致性和避免产生冲突，个体往往选择调整行为或认知(Joosten et al.，2016)。③ 此外，自我决定理论强调自主需求是个体基本的心理需求之一，是个体选择权和心理自由感的反映，当自主需求感无法得到满足时，会产生消极情绪(Ryan & Deci，2006)。④ Algesheimer et al.（2005）⑤开发并预测了顾客与品牌社区关系的不同方面如何影响顾客的意向和行为的概念模型，研究结果显示品牌社区成员感知规范社区压力越强，心理抗拒感也就越强，尤其是社区核心成员被迫牺牲自主时间承担社区的特定任务，从而限制了自主需求，这可能导致社区成员减少参与行为。

众包社区的本质是用户在线交互过程中形成的各种关系的集合，同时也是持有相同偏好和兴趣的参与者构成的大众网络社区。对贡献的认可可通过众包社区的头衔或者积分来体现地位和声誉，也可以通过知识交流与互动满足信息和知识需求、利他动机、互惠需求等，从而获得满足感。另一方面社区成员还要受到规范社区压力的约束，这在一定程度上限制了社区成员的自主需求，使其知识共享的参与行为不得不迫于外界压力而进行调整。谢晓飞(2018)将对贡献的认可表征支持性氛围，规范社区压力表征控制性氛围，对贡献的认可反映了社区成员行为获得了积极的认可，规范社区压力反映了社区成员行为受到了一定的约束，当基于公平敏感性、互惠性和利他性的知识共享参与行为得到认可程度越高时，众包社区成员的满意程度越高，知识共享行为参与的积极性也就越高。当基于公平敏感性、互惠性和利他性的知识共享参与行为受到规范社区压力越高时，众包社区成员的满意程度越低，甚至产生心理抗拒，知识共享行为参与的积极性也就越低。基于此，提出以下假设：

———————————

① Hsu，Chiu-Ping. Effects of social capital on online knowledge sharing: positive and negative perspectives[J]. Online Information Review，2015，39(4)：466-484.

② 谢晓飞. 虚拟社区氛围、心理抗拒和社区参与研究[D]. 天津：天津大学，2018.

③ Joosten H，Josée Bloemer，Hillebrand B. Is more customer control of services always better? [J]. Journal of Service Management，2016，27(2)：218-246.

④ Ryan R M，Deci E L. Self-regulation and the problem of human autonomy: Does psychology need choice，self-determination，and will? [J]. Journal of Personality，2006，74(6)：1557-1585.

⑤ Algesheimer，René，Dholakia U M，et al. The social influence of brand community: evidence from european car clubs[J]. Social Science Electronic Publishing. Journal of Marketing，2005，69 (7)：19-34.

H8a：对贡献的认可调节满意的中介作用，对贡献的认可程度越高，公平敏感性和知识共享的关系越强。

H8b：对贡献的认可调节满意的中介作用，对贡献的认可程度越高，互惠性和知识共享的关系越强。

H8c：对贡献的认可调节满意的中介作用，对贡献的认可程度越高，利他性和知识共享的关系越强。

H9a：规范社区压力调节满意的中介作用，规范社区压力越高，公平敏感性和知识共享的关系越弱。

H9b：规范社区压力调节满意的中介作用，规范社区压力越高，互惠性和知识共享的关系越弱。

H9c：规范社区压力调节满意的中介作用，规范社区压力越高，利他性和知识共享的关系越弱。

5.2.6 理论模型的构建

社会偏好能够促进众包社区的知识共享，根据文献梳理，社会偏好主要表现为公平偏好、互惠偏好和利他偏好。为了更加形象地对公平偏好、互惠偏好和利他偏好进行描述，结合相关研究，分别用公平敏感性、互惠性和利他性来表示。公平敏感性、互惠性和利他性作为一种倾向，既可以看作一种态度和信念，也可以理解为社会资本。因此，本研究整合计划行为理论和社会资本理论，将公平敏感性、互惠性和利他性作为自变量，提出研究的概念模型，如图 5.1 所示。

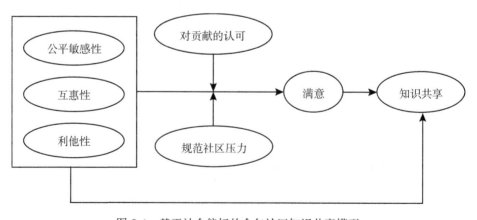

图 5.1 基于社会偏好的众包社区知识共享模型

5.3 研究方法设计

5.3.1 变量测量

为了验证提出的研究假设，需要对理论模型中所涉及的主要变量进行科学的测量，以保证研究结果的科学性和有效性。研究采用国内外学者经常使用且实证研究具有较高信度和效度的比较成熟的量表。研究中涉及的变量主要包括互惠性、利他性、公平敏感性、感知满意、知识共享、规范社区压力、对贡献的认可等变量。调查问卷中所涉及的变量测度均采用李克特五分量表，"1"代表完全不同意，"2"代表比较不同意，"3"代表一般同意，"4"代表比较同意，"5"代表完全同意。调查对象根据问卷中问题和自身实际感受的符合程度，分别对每个问题打分，分数越高，表明被调查者的实际情况与问题所描述的情形越符合。

由于问卷的变量测量是基于李克特五分量表，调查对象在填写问卷时往往基于个人的经验进行填写，具有较强的主观性，因而会对问卷数据的准确性和客观性产生影响。为了提高回收数据的质量，采取多种措施降低或避免产生问卷偏差，例如向被调查者说明问卷调查的目的纯粹用于学术研究、在调查问卷中设置验证题项、问卷题目的表述经过反复推敲以保证被调查者的充分理解等。

（1）公平敏感性的测量

公平理论成立的前提基于人们的公平感相同，但事实上个体的公平感存在明显的差异。Huseman, Hatfield & Miles（1987）[1]认为公平理论忽视了个体公平感的差异性，并指出基于人格特质的公平偏好具有较强的稳定性和个体差异性。基于此，从心理学视角率先提出了公平敏感性的概念，并认为公平敏感性是个体在心理感知层面上对公平呈现的不同偏好。对公平敏感性测量比较有代表性的是 King & Miles（1994）[2]、Davison & Bing（2008）[3]开发的量表。King & Miles（1994）开发了公平敏感性量表（Equity Sensitivity Instrument, ESI），量表共有 5 个题项，每个题项有大公无私或者自私自利两个反应项，采用强制计分法，要求被调查者将 10 分赋给两个反应项。Davison & Bing（2008）认为 King & Miles 开发

① Huseman, R. C., Hatfield, J. D., Miles, E. W. A new perspective on equity theory: the equity sensitivity construct[J]. Academy of Management Review, 1987, 12(2): 222-234.

② King W C, Miles E W. The measurement of equity sensitivity[J]. Journal of Occupational and Organizational Psychology, 1994, 67(2): 133-142.

③ Davison H K, Bing M N. The multidimensionality of the equity sensitivity construct: integrating separate benevolence and entitlement dimensions for enhanced construct measurement[J]. Journal of Managerial Issues, 2008, 20(1): 131-150.

的公平敏感性量表有一定缺陷，公平敏感性量表应该是两端为大公无私和自私自利的连续体。因此，Davison & Bing 对公平敏感性量表在原有基础上进行了修改，将 5 个题项中的 10 个反应项更改为 10 个单独计分的题项，量表也区分成偏好投入和偏好获得两个维度，具有较好的信度。公平敏感性是指个体在心理感知层面上对公平的稳定且具有个性化的不同偏好(张海涛等，2016)。① 考虑到量表的权威性和研究情境，本研究采用 Davison & Bing 的公平敏感性量表偏好投入维度，共 5 个题项，其测量量表如表 5.1 所示。

表 5.1 公平敏感性测量量表

变量	测 量 题 项		量表来源
公平敏感性	ES1	对我来说，更重要的是在众包社区中分享知识。	Davison & Bing(2010)
	ES2	对我来说，更重要的是帮助众包社区中的其他成员。	
	ES3	我更关心的是我为众包社区作了什么贡献。	
	ES4	我参与知识共享是为了让众包社区更好发展。	
	ES5	我的工作哲学是投入要比回报好。	

(2)互惠性的测量

互惠的基本标准是一种相互负债的感觉，因此个人通常从他人获得互惠利益，从而确保持续的支持性交流(Shumaker & Brownell，1984)。② 对互惠的测量比较常用的是 Wasko & Faraj(2005)③的量表以及 Lin et al.（2009)④的量表。Wasko & Faraj 就电子应用网络社区中社会资本和知识共享的关系进行了研究，其中互惠作为关系资本，对互惠的测量包括三个题项。Lin et al.（2009)对促进专业虚拟社区知识共享的决定性因素进行了研究，发现互惠正向影响专业虚拟社区的知识共享行为，他们认为互惠是指人们相信当前的知识共享将导致未来的知识请求得到满足，其对互惠的测量包括三个题项。张荣华(2014)⑤采用 Wasko & Faraj 的量表，结合知识问答社区和中国情境对用户的互惠性进行测量，共包括三个题项，Cronbach's α 为 0.83，信度较好。因此，本研究将互惠性定义为众包社区成员自己的知识共享行为能够得到相应的回报。基于以上考虑，并结合研究情境，对互惠性的度

---

① 张海涛，崔晖，赵俊. 公平敏感性的调节效应分析[J]. 价值工程，2016，35(3)：196-198.

② Shumaker S., and Brownell, A. Toward a theory of social support: closing conceptual gaps[J]. Journal of Social Issues，1984，40(4)：11-36.

③ Wasko M M L, Faraj S. Why should I share? Examining social capital and knowledge contribution in electronic networks of practice[J]. MIS Quarterly，2005，29(1)：35-57.

④ Lin M JJ, Hung S W, Chen C J. Fostering the determinants of knowledge sharing in professional virtual communities[J]. Computers in Human Behavior，2009，25(4)：929-939.

⑤ 张荣华. 知识问答社区用户的知识共享意愿研究[D]. 南京：南京大学，2014.

量共包括 3 个题项，其测量量表如表 5.2 所示。

表 5.2　互惠性的测量量表

变量	测 量 题 项	量表来源
互惠性	RE1　如果帮助他人有回报，我更乐意帮助众包社区的成员解决问题。	Wasko & Faraj(2005)
	RE2　我相信如果有需要，众包社区的其他成员会帮助我。	
	RE3　我认为众包社区的成员会互相帮助。	

（3）利他性的测量

Lin(2007)[①]认为利他性体现了个体的社会责任和使命，先前的研究成果表明通过贡献知识来享受利他行为的个体更倾向于进行知识共享。Chang & Chuang(2011)[②]认为利他性是指帮助虚拟社区成员的自愿行动以及所获得的愉悦性，并对利他性进行了测量，测量量表共包括四个题项，Cronbach's α 为 0.91，信度较好。Zhang et al. (2017)[③]对在线健康社区的医疗专业用户和一般用户的利他性进行了测量，医疗专业用户的 Cronbach's α 为 0.946，一般用户的 Cronbach's α 为 0.915，信度较好。北京大学的耿瑞利和申静(2018)[④]在 Zhang et al. (2017)量表的基础上进行了改编，改编后利他性的测量共包括 3 个题项。因此，结合本研究情境，对利他性的度量共包括 3 个题项，其测量量表如表 5.3 所示。

表 5.3　利他性的测量量表

变量	测 量 题 项	量表来源
利他性	AL1　我愿意通过在众包社区分享知识去帮助别人。	耿瑞利和中静(2018)
	AL2　能够通过众包社区分享知识帮助他人的感觉非常棒。	
	AL3　我在众包社区分享的内容可能会帮助到其他人。	

---

① Lin H. F. Effects of extrinsic and intrinsic motivation on employee knowledge sharing intentions[J]. Journal of Information Science, 2007, 33(2): 135-149.

② Chang H H, Chuang S S. Social capital and individual motivations on knowledge sharing: participant involvement as a moderator[J]. Information & Management, 2011, 48(1): 9-18.

③ Zhang X, Liu S, Deng Z, et al. Knowledge sharing motivations in online health communities: a comparative study of health professionals and normal users[J]. Computers in Human Behavior, 2017, 75: 797-810.

④ 耿瑞利，申静. 社交网络群组用户知识共享行为动机研究：以 Facebook Group 和微信群为例[J]. 情报学报，2018，37(10)：1022-1033.

（4）满意的测量

满意是指众包社区成员在知识共享过程中所形成的一种心理结果。对满意的测量比较有代表性的是 Bhattacherjee(2001)①的量表和 Chiu et al. (2011)②的量表，Bhattacherjee 对感知满意的测量包括四个题项，拥有较高的信度。Chiu 等对虚拟社区用户的感知满意进行了测量，测量包括四个题项。赵文军(2012)③在参考 Bhattacherjee 量表的基础上对感知满意进行了测量，包括四个题项，其 Cronbach's α 系数为 0.884，可见 Bhattacherjee 的量表在中国情境下信度较好。因此，本研究借鉴 Bhattacherjee(2001) 和 Chiu et al. (2011) 的问卷量表，并依据研究情境进行适当的修改，量表的题项共有 4 个，其测量量表如表 5.4 所示。

表 5.4　满意的测量量表

变量	测量题项		量表来源
感知满意	SA1	与众包社区其他成员分享我的知识，我认为做了正确的事情。	Bhattacherjee(2001) Chiu et al. (2011)
	SA2	我很高兴拥有与众包社区其他成员分享知识的过程和体验。	
	SA3	与众包社区其他成员分享知识的决定是明智的。	
	SA4	我比较满意拥有与众包社区成员分享知识的过程和体验。	

（5）知识共享的测量

知识共享是众包社区成功的关键，对于知识共享的测量主要参考 Hsu et al. (2007)④、Yoon & Rolland (2012)⑤和赵文军(2012)量表。Hsu et al. (2007)对虚拟社区知识共享行为的测量包括五个题项，其 Cronbach's α 系数为 0.93，信度较好。Yoon & Rolland(2012)对知识共享的测量包括四个题项。赵文军在借鉴 Hsu et al. (2007)知识共享量表的基础上

---

① Bhattacherjee, Anol. Understanding information systems continuance: an expectation-confirmation model[J]. MIS Quarterly, 2001: 351-370.

② Chiu C M, Hsu M H, Wang E T G. Understanding knowledge sharing in virtual communities: an integration of expectancy disconfirmation and justice theories[J]. Online Information Review, 2011, 35(1): 134-153.

③ 赵文军. 虚拟社区知识共享可持续行为研究[D]. 武汉: 华中师范大学, 2012.

④ Hsu M H, Ju T L, Yen C H, et al. Knowledge sharing behavior in virtual communities: the relationship between trust, self-efficacy, and outcome expectations[J]. International Journal of Human-Computer Studies, 2007, 65(2): 153-169.

⑤ Yoon C, Rolland E. Knowledge-sharing in virtual communities: familiarity, anonymity and self-determination theory[J]. Behaviour & Information Technology, 2012, 31(11): 1133-1143.

对中国情境下知识共享行为进行了测量，测量共包括四个题项，Cronbach's α 系数为 0.93，远远大于 0.7 的标准。在操作上，对知识共享的测量本研究主要参考 Yoon & Rolland (2012) 和赵文军(2012) 的量表，并结合研究内容进行适当的修改，测量题项共 4 个，具体见表 5.5。

表 5.5 知识共享的测量量表

变量	测量题项	量表来源
知识共享	KS1 我经常参与众包社区的知识共享活动。	Yoon & Rolland (2012) 和赵文军(2012)
	KS2 当参与众包社区的活动时，我经常向其他成员分享自己的知识。	
	KS3 众包社区成员对复杂问题进行讨论时，我通常会参与之后的互动过程。	
	KS4 我通过参与众包社区各种主题的讨论，而不仅仅局限于特定主题。	

(6)感知众包社区氛围的测量

以往的研究很少关注众包社区氛围，对于众包社区而言，其本质与实体组织相同，都是一种关系网络，有着自己的运行机制和规范，并对成员的行为进行约束与激励。因此，对感知众包社区氛围的研究可以借鉴组织氛围理论。赵建彬和景奉杰(2016)[①]以组织氛围理论为基础，将在线品牌社区的氛围划分为控制性氛围和支持性氛围。考虑到众包社区的运行特点，并借鉴赵建彬等的观点，将社区成员感受的社区氛围划分为支持性氛围和控制性氛围，同时以谢晓飞(2018)[②]的研究成果为基础，将规范社区压力表征控制性氛围，对贡献的认可表征支持性氛围。规范社区压力和对贡献的认可的测量分别借鉴 Algesheimer et al.（2005)[③]和 Yang & Huang(2017)[④]在研究中所使用的量表，并结合研究情境进行修正，规范社区压力有两个题项，对贡献的认可有三个题项，具体见表 5.6。

---

① 赵建彬，景奉杰. 在线品牌社群氛围对顾客创新行为的影响研究[J]. 管理科学，2016，29(4)：125-138.

② 谢晓飞. 虚拟社区氛围、心理抗拒和社区参与研究[D]. 天津：天津大学，2018.

③ Algesheimer, René, Dholakia U M, et al. The social influence of brand community: evidence from european car clubs[J]. Social Science Electronic Publishing. Journal of Marketing, 2005 69 (7): 19-34.

④ Yang X, Li G, Huang S S. Perceived online community support, member relations, and commitment: differences between posters and lurkers[J]. Information & Management, 2017, 54(2): 154-165.

表 5.6 感知众包社区氛围的测量量表

变量	测量题项	量表来源
规范社区压力	NP1 我在众包社区的知识共享行为经常会受到其他社区成员期望的影响。	Algesheimer et al.(2005)
	NP2 为了被众包社区成员接受，我感觉自己不得不成为他们期待的样子。	
对贡献的认可	RC1 众包社区为活跃用户的贡献提供适当奖励。	Yang & Huang(2017)
	RC2 众包社区为在活动中表现积极的用户提供很高的社区声望。	
	RC3 众包社区感激社区用户作出的贡献。	

5.3.2 问卷设计与预调研

5.3.2.1 初始问卷的设计

根据前文的理论基础与研究假设、研究模型以及七个变量，梳理已有文献中较为成熟的研究量表，并结合研究的具体情境，通过中英文翻译的比较分析，对其中的个别题项表达欠清晰的部分进行修改，修改过程中通过专家访谈、小组访谈和试填等方式不断完善各个题项，最终形成本研究所需的调查问卷初稿。调查问卷共有四部分组成，包括封面信、指导语、个人基本信息及问题与答案。调查问卷的具体内容如下：第一部分封面信，主要是向被调查对象阐明此次调查的目的，问卷的主题内容，对被调查对象隐私保护的承诺、回答问题的基本准则以及对被调查对象的感谢等内容。第二部分是指导语。指导语主要是对本次调查中所涉及的相对复杂且难以理解的重要概念和问题进行解释，本研究主要是对众包、众包社区等概念进行简要解释，帮助被调查对象对调查内容和主体有较为充分地理解。第三部分是个人基本信息，主要包括性别、年龄、学历等人口统计学变量以及被调查者参与众包社区知识共享的背景信息。第四部分是问题与答案，该部分是问卷的核心部分，以编码的形式出现以便后期进行数据的分析，该部分主要包含公平敏感性、利他性、互惠性、满意、规范社区压力、对贡献的认可、知识共享等变量的测度，共有 24 个题项，已在变量测度一节设计完成。

5.3.2.2 预调研问卷的发放与回收

初始问卷完成后需要进行预调研检测，这是在进行正式问卷大规模发放之前必需的一个程序，以便对变量的测量题项进行必要的修改或者删除，从而提高问卷的信度和效度

（李怀祖，2004）。① 在进行初始问卷调查前，考虑到问卷回收质量和回收效率，选择小米 MIUI 论坛、花粉俱乐部等国内影响力较大的企业自建众包社区中比较活跃的成员作为调研对象，问卷形式采用电子问卷，通过发送站内信的方式进行调查，以提高问卷调查的回收效率。初始问卷的调查从 2019 年 9 月 1 日开始，到 9 月 15 日结束，回收问卷 145 份。按照答题时间不得少于 160 秒、连续五道题目的答案相同、问卷答案前后矛盾等规则经过筛选，剔除无效问卷 36 份，得到有效问卷 109 份，问卷有效率 75.17%。

5.3.2.3　预调研问卷检验

为了保证调查问卷的质量，需要对所收集的预调研的数据进行预检验，主要是从信度和效度两个方面对预调研阶段收集的问卷进行分析，并以此分析结果对预调研问卷进行修正和完善。

（1）预调研问卷信度分析

信度分析主要是通过校正题项的总相关系数 CITC（Corrected Item Total Correlation Coefficient）分析法和克朗巴哈系数（Cronbach's α）对测量题项进行净化。通常情况下，当 CITC 小于 0.3，且测量题项删除后 Cronbach's α 增大，则该测量题项应该删除，也有学者认为当 CITC 小于 0.5，其测量题项删除后 Cronbach's α 增大，则该测量题项予以删除。本研究采用 CITC 小于 0.5 时删除该测量题项的标准，同时净化后的测量题项的 Cronbach's α 在 0.7 以上，则认为该问卷满足信度要求（Bock et al，2005）。②

预调研量表的 CITC 和信度分析如表 5.7 所示，从表中可以看出，在潜变量满意量表中，四个题项中 SA4 的初始 CITC 值为 0.271，小于 0.50，同时删除该题项后的 Cronbach's α 值为 0.867，大于初始量表的总体 Cronbach's α 的值 0.812，因此将该题项删除。删除题项 SA4 之后，剩余三个题项的 CITC 值均大于 0.5，且删除对应题项后的 Cronbach's α 的值均小于量表的总体 Cronbach's α 值 0.867。因此删除题项 SA4 之后的满意量表具有较好的内部一致性，满足研究所需的信度要求。

规范社区压力量表采用的是国外成熟的量表，其只有两个题项，初始 CITC 值均大于 0.5，且总量表的 Cronbach's α 的值为 0.813，满足研究所需要满足的信度要求。

除了满意和规范社区量表外，其余潜变量如公平敏感性、利他性、互惠性、知识共享和对共享的认可的题项的 CITC 的值均大于 0.5，Cronbach's α 的值均大于 0.7，而且删除题项后的 Cronbach's α 的值均小于总体 Cronbach's α 的值，因此达到了研究所需要的信度

①　李怀祖. 管理研究方法论[M]. 西安：西安交通大学出版社，2004.

②　Bock G W, Zmud R W, Kim Y G, et al. Behavioral intention formation in knowledge sharing: examining the roles of extrinsic motivators, social-psychological forces, and organizational climate [J]. MIS Quarterly, 2005：87-111.

标准。

表 5.7　预调研量表的 CITC 和信度分析

变量	题项	初始 CITC	题项被删除后的 α 值	初始量表总体 α 值	备注
公平敏感性	ES1	.737	.905		保留
	ES2	.769	.898		保留
	ES3	.808	.891	.915	保留
	ES4	.813	.889		保留
	ES5	.785	.895		保留
互惠性	RE1	.726	.787		保留
	RE2	.739	.864	.883	保留
	RE3	.756	.850		保留
利他性	AL1	.715	.831		保留
	AL2	.787	.765	.863	保留
	AL3	.721	.827		保留
满意	SA1	.714	.801		保留
	SA2	.757	.795	.812	保留
	SA3	.731	.783		保留
	SA4	.271	.867		删除
知识共享	KS1	.765	.801		保留
	KS2	.782	.795	.893	保留
	KS3	.778	.856		保留
	KS4	.728	.868		保留
对贡献的认可	RC1	.795	.834		保留
	RC2	.772	.857	.892	保留
	RC3	.796	.837		保留
规范社区压力	NP1	.685		.813	保留
	NP2	.685			保留

（2）预调研问卷效度分析

效度的评估通常包括内容效度、效标关联效度和构念效度三种主要形式。其中构念效度是指测量工具对一个抽象概念或特质真实测量的程度。构念效度的检验必须以特定的理论为基础，引申出各项关于潜在特质或者行为表现的基本假设，并通过实证研究的方法，检验测量结果和理论假设内涵符合与否，因此，构念效度是实证研究中最常采用的评估指标。构念效度主要包括聚合效度和区分效度，构念效度的测量在统计学上主要方法是因子分析法，其中在量表开发阶段主要采用的是探索性因子分析。

本研究采用的量表大多为国外的成熟量表，但是为了研究量表在中国情境下以及本研究实际情境下的适用程度，因此仍然通过探索性因子分析法对量表的效度进行分析。在进行探索性因子分析之前，首先通过 SPSS 23.0 对预调研数据进行 KMO 和 Bartlett 球形检验，以验证预调研数据是否适合进行因子分析。通常当 KMO 值大于 0.7 时（Kaiser，1974）[①]，Bartlett 球形检验所对应的概率 P 值小于所给定的显著性水平，则表明适合做因子分析。KMO 和 Bartlett 球形检验分析结果如表 5.8 所示，KMO 值为 0.836，Bartlett 球形检验中近似卡方值为 2602.822，自由度为 253，显著性水平为 0.000（小于 P = 0.05），因此预调研问卷适合进行探索性因子分析。

表 5.8　KMO 和 Bartlett 检验

KMO 取样适切性量数		.897
巴特利特球形度检验	近似卡方	2602.822
	自由度	253
	显著性	.000

利用 SPSS 23.0 软件采用主成分分析法（最大方差法）对预调研数据进行探索性因子分析，并设置固定提取 7 个因子。对于在探索性因子分析中如何进行题项筛选，应该遵循以下三条原则：每个题项在所萃取出的因子上的载荷数值接近 1，同时在其他因子上的载荷数值接近 0；每个题项在其对应的萃取因子上的载荷值应该大于 0.5，如果该题项在所有萃取因子上的载荷值都小于 0.5，则应当删除此题项；如果测量题项在两个以上萃取因子上的载荷值都大于 0.4，则考虑删除此题项。此外，当所萃取的公因子累计解释方差占总方差的百分比超过 70% 时，效果最佳；当在 60% 以上时，表示公因子是可靠的，但最低应在 50% 以上（吴明隆，2010）。[②] 依据上述原则，经过探索性因子分析，预调查问卷所有题项都符合上述标准，萃取出 7 个因子，分别对应本研概念模型中的 7 个潜变量，7 个因子共解释了总方差的 83.38%，满足要求，具体结果见表 5.9 所示。总体来看，量表的聚合效度和区别效度都比较高，可以用于正式调研问卷。

---

① Kaiser H F, Rice J. Little jiffy, mark Ⅳ[J]. Educational and Psychological Measurement, 1974, 34 (1): 111-117.

② 吴明隆. 结构方程模型：Amos 的操作与应用[M]. 重庆：重庆大学出版社，2009. 227.

表5.9 探索性因子分析结果

变量	题项	成分							累计解释总方差(%)
		1	2	3	4	5	6	7	
公平敏感性	ES1	.801							
	ES2	.857							
	ES3	.836							
	ES4	.867							
	ES5	.832							15.19
知识共享	KS1		.851						
	KS2		.832						
	KS3		.826						
	KS4		.836						29.43
互惠性	RC1			.838					
	RC2			.853					
	RC3			.879					43.36
满意	SA1				.858				
	SA2				.820				
	SA3				.841				55.86
对贡献的认可	RE1					.878			
	RE2					.827			
	RE3					.849			67.35
利他性	AL1						.833		
	AL2						.858		
	AL3						.843		75.62
规范社区压力	RC2							-.855	
	RC3							-.841	83.38

注：提取方法-主成分；旋转法：具有 Kaiser 标准化的正交旋转法，旋转在 9 次迭代后收敛。

5.3.3 正式问卷数据收集与整理

经过预调研检测后形成最终的调查问卷(详见附录 2)，共 23 个题项。然后开始对正式的问卷数据进行收集。由于本研究的调查对象为众包社区的用户，虽然每个个体都有可能参与众包，但考虑到问卷调查数据采集的难易程度以及数据的可获得性，并针对众包社区用户的知识共享行为是借助互联网平台实现的现状，调查问卷采用线上调查的形式，通过问卷星形成的自制调查问卷进行数据收集。问卷发放的对象选择国内影响力较大的企业自建众包社区中比较活跃的用户，包括小米 MIUI 论坛、花粉俱乐部、海尔 hope 平台等。由于本人在以上各个众包社区均拥有一定的参与经历，因此对各个社区规则、社区管理人员以及社区参与成员都有一定程度的了解，这对问卷回收率有一定程度的保证。

问卷调查采用自填式问卷，通过问卷星形成电子版的问卷链接。然后通过两种方式收集问卷，一种是通过电子链接直接在众包社区发放，由被调研者借助手机或者电脑打开链接自行填写，另一种则是对众包社区用户采用站内信的方式将调查问卷发送给众包社区好友和社区管理者，并采用"滚雪球"方式请众包社区好友、众包社区管理者转发给社区好友。为了保证问卷的质量和收集到足够的合格数据，对于参与问卷填写的众包社区用户给予一定的红包奖励。整个问卷的发放与收集过程，从 2019 年 10 月 1 日到 2019 年 12 月 31 日，历时 3 个月。为了保证问卷被及时看到和填写，数据收集期间通过多次邀请、身边具有较长时间参与众包社区知识共享朋友的帮忙等方式提高问卷回收的效率，保证问卷的质量。

被调查者填写的调查问卷会保存在问卷星的数据后台，通过个人账户登录问卷星网站，就可以对原始的问卷数据进行下载，按照答题时间不得少于 160 秒、连续五道题目的答案相同、问卷答案前后矛盾等规则经过筛选，剔除无效问卷 305 份，得到有效问卷 891 份，问卷有效率 74.49%。根据结构方程模型数据分析方法对数据量的要求，本研究合格有效的问卷数达到要求，可以依据此数据开展相应的实证研究。

5.3.4 调查样本基本情况描述

本研究主要选取了性别、年龄和教育程度作为调查对象的人口统计学变量，选取工作年限、成为众包社区成员的年限和参与知识共享的时间间隔等作为背景变量。在 891 份有效问卷中，从性别分布来看，男性 574 人，占比 64.42%，女性 317 人，占比 35.58%，男性比例明显多于女性，这基本符合众包社区用户参与的实际情况。年龄分布方面，25~45 岁的共计 575 人，占比 64.53%，55 岁以上共计 41 人，占比 4.60%，可见 25~45 岁是众包社区中的活跃人群，这部分群体有一定的知识背景和工作经验，并且熟悉网络，与实际情况相吻合。学历方面以本科和硕士为主，其中本科 423 人，硕士 276 人，本科和硕士合计占比 78.45%，博士 89 人，占比 9.99%，大专及以下学历共计 103 人，占比 11.56%，可见参与众包社区知识共享的群体拥有较高的学历和较好的知识底蕴，是知识共享的主要参与群体。

背景特征方面，工作年限分为五类，包括一年以下、一到三年、三到六年、六到十年以及十年以上，五类成员在调查对象中所占的比例分别为 12.58%，25.70%，27.16%，20.99% 和 12.57%，分布比较均匀，基本符合正态分布。注册时间是指被调查对象通过注册成为众包社区成员的时间，调查过程中将社区成员注册时间划分为五类，包括半年以下、半年以上一年以下、一到二年、二到三年以及三年以上，五类被调查对象所占的比例分别为 14.48%，13.58%，21.55%，32.21% 和 18.18%，总体来看，分布比较均匀。参与知识共享的时间间隔方面，共分为 0~3 天、一个星期左右、半个月左右、一个月左右和一个月以上等五类，所占比例分别为 48.15%，32.88%，9.32%、6.40% 和 3.25%，可见，参与知识共享的时间间隔不超过一个星期的被调查对象占了绝大多数。

总体来看，无论是样本数据的人口统计特征还是背景特征（详见表 5.10），都具有较好的代表性和有效性，可以以此样本的数据为基础展开进一步研究。

表 5.10　样本数据的人口统计学和背景变量描述（N=891）

项目	题项	数量	百分比(%)
性别	男	574	64.42
	女	317	35.58
年龄	25 岁以下	153	17.17
	25~35 岁	302	33.89
	35~45 岁	273	30.65
	45~55 岁	122	13.69
	55 岁以上	41	4.60
学历	高中(中专)及以下	22	2.47
	大专	81	9.09
	本科	423	47.47
	硕士	276	30.98
	博士	89	9.99
工作年限	1 年及以下	121	12.58
	1~3 年	229	25.70
	3~6 年	242	27.16
	6~10 年	187	20.99
	10 年以上	112	12.57
注册时间	6 个月及以下	129	14.48
	6~12 个月	121	13.58
	1~2 年	192	21.55
	2~3 年	287	32.21
	3 年以上	162	18.18

项目	题项	数量	百分比(%)
参与知识共享 的时间间隔	0~3 天	429	48.15
	一个星期左右	293	32.88
	半个月左右	83	9.32
	一个月左右	57	6.40
	一个月以上	29	3.25

5.4 数据分析

5.4.1 描述性统计分析

为了较为精确地了解所收集调查数据的基本特征，以便判断其是否能够用于后期数据的统计分析研究，将首先对所收集的数据进行描述性统计分析。采用 SPSS 23.0 统计软件对所收集样本的均值、标准差、偏度以及峰度等四个统计量进行描述，从而更好地观察样本数据的集中趋势、离散程度以及分布规律。描述性统计分析结果如表 5.11 所示。由表 5.11 的统计分析结果可知，各变量的测量题项的平均值从分布情况来看比较均衡，每个题项的标准差都处于 0.95~1.25，说明样本数据的离散程度比较小，同时各个题项偏度的绝对值均小于 3，峰度的绝对值均小于 10。总体来看，样本数据大致符合正态分布，可以进行下一阶段的统计分析。

5.4.2 共同方法偏差检验

由于问卷调查数据来源相同，测量环境相同，题项的语境以及题项本身的特征会造成预测变量和效标变量之间存在认为的共变情况发生，即共同方法偏差。共同方法偏差是一种系统性误差，通常会导致无法真实反映变量之间的关系，从而对研究结论产生误导。为了尽可能降低共同方法偏差带来的影响，本研究采取了多种事前控制措施，比如问卷是由被调查者匿名填写、设置反向题项、量表尽可能简洁，控制歧义的产生等。同时，研究采用 Harman 单因素检验方法(Harman's One factor Test)对共同方法偏差问题进行检验。具体的操作过程是将所有变量的题项采用因子分析法进行分析，分析结果表明，所有题项得出的特征值大于 1 的因子有 7 个，累计方差贡献率达到 78.58%，其中第一个因子解释了所有题项的 41.70%变异，并未占到总变异解释量的 50% (Hair et al., 1998)[1]，由此可以判

---

[1] Hair J F, Tatham R L, Anderson R E, et al. Multivariate data analysis, 5/E[M]. Prentice Hall, 1998：648-650.

定本研究所收集数据的共同方法偏差问题得到了有效的控制。

表 5.11 描述性统计分析结果

变量	题项	平均值	标准差	偏度	峰度
公平敏感性	ES1	3.75	1.185	-.814	-.193
	ES2	3.76	1.192	-.897	-.038
	ES3	3.81	1.190	-.955	.086
	ES4	3.86	1.117	-.933	.099
	ES5	3.79	1.168	-.825	-.193
互惠性	RE1	3.56	1.254	-.590	-.739
	RE2	3.66	1.258	-.713	-.624
	RE3	3.68	1.195	-.690	-.482
利他性	AL1	3.75	1.231	-.811	-.397
	AL2	3.38	.964	-.613	.686
	AL3	3.73	1.227	-.928	.133
满意	SA1	3.69	1.237	-.733	-.505
	SA2	3.68	1.216	-.752	-.431
	SA3	3.66	1.228	-.689	-.542
知识共享	KS1	3.71	1.228	-.730	-.529
	KS2	3.70	1.220	-.788	-.401
	KS3	3.70	1.226	-.685	-.613
	KS4	3.82	1.193	-.947	-.051
对贡献的认可	RC1	3.61	1.232	-.619	-.621
	RC2	3.57	1.257	-.642	-.644
	RC3	3.60	1.246	-.645	-.574
规范社区压力	NP1	2.24	1.217	.760	-.454
	NP2	2.16	1.182	.995	.084

5.4.3 相关分析

在对正式调研数据进行信度分析后，表明数据达到相关要求，在此基础上，将对所涉及的变量间的相关性进行检验，检验分析的结果如表 5.12 所示。从相关分析的结果来看，模型所包含的主要变量之间具有显著的相关性。如公平敏感性和知识共享（p=0.496）、利他性和知识共享（p=0.441）、互惠性和知识共享（p=0.472）、均显著正相关，这表明公平敏感性、互惠性和利他性均与知识共享具有初步的关联作用；公平敏感性和满意（p = 0.445）、互惠性和满意（p = 0.480）、利他性和满意（p = 0.475）都呈现正相关，这表明公平敏感性、互惠性和利他性与满意具有初步的关联作用；满意和知识共享（p = 0.464）呈现正相关，表明满意和知识共享具有初步的正向关联作用；此外，公平敏感性和对贡献的认可（p = 0.401）、利他性和对贡献的认可（p = 0.415）、互惠性和对贡献的认可（p = 0.526）、满意和对贡献的认可（p = 0.466）、知识共享和对贡献的认可（p = 0.434）都存在正相关关系，这表明公平敏感性、利他性、互惠性、知识共享均与对贡献的认可之间存在初步的正向关联作用。

表 5.12   模型涉及的主要变量相关性分析

	均值	标准差	公平敏感性	互惠性	利他性	满意	知识共享	对贡献的认可	规范社区压力
公平敏感性	3.79	1.009	1.000						
互惠性	3.64	1.128	.421**	1.000					
利他性	3.61	.9503	.409**	.511**	1.000				
满意	3.68	1.117	.445**	.480**	.475**	1.000			
知识共享	3.73	1.067	.496**	.472**	.441**	.464**	1.000		
对贡献的认可	3.59	1.126	.401**	.526**	.415**	.466**	.434**	1.000	
规范社区压力	2.24	1.217	-.403**	-.414**	-.414**	-.440**	-.455**	-.415**	1.000

注：（1）N = 891。

（2）** 表示在置信度（双测）为 0.01 时，相关性是显著的。

此外，公平敏感性和规范社区的压力（p = -0.403）、互惠性和规范社区的压力（p = -0.414）、利他性和规范社区的压力（p = -0.414）、满意和规范社区的压力（p = -0.440）、知识共享和规范社区的压力（p = -0.455）、对贡献的认可和规范社区的压力（p = -0.415）均呈现负相关，这表明规范社区压力对公平敏感性、互惠性、利他性、满意、知识共享和对贡献的认可等变量有一定程度的负向影响。各个变量之间呈现的相关关系充分说明研究模型具备进行回归分析的可行性。

5.4.4 信度和效度分析

信度分析是一个测量工具免于随机误差影响的程度，包括复本信度、重测信度和内部一致性信度。由于本研究所采用的问卷来自国内外学者相关研究的成熟量表，所以对正式问卷的调研数据的信度分析中考虑内部一致性信度，即评估量表内部指标之间的同质性。

效度分析主要从内容效度、收敛效度和区别效度三方面进行。上文在预调研问卷的编写阶段已经通过探索性因子分子对量表的因子结构进行了分析，量表和调查问卷的构建效度已经得到验证，调查问卷的各个潜变量以及其对应的测量题项已经确定好，因此研究所面临的主要任务是检验所收集的调查数据和假设的测量模型之间拟合的程度、测量题项是否能够有效地测量潜变量。因此，在验证正式的调查问卷数据是否符合预期假设时，应该采用验证性因子分析对量表的信度和效度进行分析。研究使用 AMOS 23.0 统计软件对正式调研的数据进行验证性因子分析。

(1)正式调研数据整体适配度

通过验证性因子分析对量表的信度和效度进行检验前，首先应对测量模型的整体适配度情况进行判定。使用 AMOS 23.0 统计软件进行验证性因子分析，分析结果显示，绝对拟合参数卡方值 CMIN 为 303.895，自由度 DF 为 209，卡方值与自由度的比值为 1.452(小于 3.0)，P 值为 0.000(小于 0.05)，比较拟合指数 GFI 等于 0.971(大于 0.9)，规范拟合指数 NFI 等于 0.978(大于 0.9)，相对拟合指数 RFI 等于 0.973(大于 0.9)，增量拟合指数 IFI 等于 0.993(大于 0.9)，Tacker-Lewis 指数 TLI 等于 0.991(大于 0.9)，比较拟合指数 CFI 等于 0.983(大于 0.9)，RMSEA 值为 0.023(小于 0.05)。从分析结果来看，除了卡方值的 P 值没有达到适配的标准外，其他参数估计值均通过了检验。吴明隆(2010)[1]指出由于样本容量的大小会对卡方值产生影响，容易造成拒绝虚无假设的结果，因此在进行模型整体适配度的分析时，应综合参考其他适配度统计指标，而不应只根据卡方值判定。可见，虽然卡方值的 P 值没有通过适配判断，但综合其他适配度统计指标的结果，可以判定数据的整体适配度良好。验证性因子分析适配情况见表 5.13 所示。

(2)信度分析

大多数研究中，对信度的检验采用 Cronbach's α 系数作为各个变量或题项的信度系数，但是由于本研究在预调研阶段已经采用 Cronbach's α 系数对调查问卷的信度进行了检验，因此本研究在正式调查阶段选用组合信度作为信度分析的指标，这样不仅可以比 Cronbach's α 系数更加全面地对信度进行分析，而且比 Cronbach's α 系数更加有效地对量表的内部一致性进行测量(侯杰泰，温忠麟，成子娟，2004)。[2] 组合信度作为检验潜变量的信度指标，也被称为建构信度，组合信度可以通过标准化载荷系数根据相关公式进行计算，组合信度作为模型适配内在质量的判别准则之一，当潜变量组合信度值都大于 0.60 时，说明模型的内在质量理想(吴明隆，2010)。[3] 从表 5.14 中可以看出，每个潜变量的组合信度值都分布于 0.75~0.90，均满足大于 0.60 的要求，因此说明量表具有良好的内

① 吴明隆. 结构方程模型：Amos 的操作与应用[M]. 重庆：重庆大学出版社，2010.
② 侯杰泰，温忠麟，成子娟. 结构方程模型及其应用[M]. 北京：教育科学出版社，2004.
③ 吴明隆. 结构方程模型：Amos 的操作与应用[M]. 重庆：重庆大学出版社，2010.

部一致性，信度能够满足数据分析的要求。

表 5.13　验证性因子分析适配情况表

统计检验量	适配的标准或临界值	参数估计值	适配判断
绝对适配指数			
卡方统计值 χ^2	P>0.05（未达到显著水平）	303.895（p=0.000）	否
RMR 值	<0.05	0.030	是
近似均方根误差（RMSEA）	<0.08	0.023	是
拟合优度指数 GFI	>0.90（0.8~0.9 可接受）	0.971	是
调整后的拟合优度指数 AGFI	>0.90（0.8~0.9 可接受）	0.961	是
增值适配度指数			
规范拟合知识 NFI	>0.90	0.978	是
相对拟合指数 RFI	>0.90	0.973	是
增量拟合指数 IFI	>0.90	0.993	是
Tacker-Lewis 指数 TLI	>0.90	0.991	是
比较拟合指数 CFI	>0.90	0.993	是
简约适配度指数			
简约拟合优度指数 PGFI	>0.50	0.735	是
简约基准拟合指数 PNFI	>0.50	0.808	是
简约基准拟合指数 PCFI	>0.50	0.820	是
卡方与自由度的比值	<2.00	303.895/209=1.454	是
AIC 值	理论模型值小于独立模型值且同时小于饱和模型值	437.895<552.000 437.895<13587.195	是
CAIC 值	理论模型值小于独立模型值且同时小于饱和模型值	825.983<2150.687 825.983<13720.419	是

（3）内容效度

内容效度是反映测量工具本身内容范围与广度的匹配程度。内容效度主要从三方面来衡量：第一，所测量的内容是否充分并准确的涵盖了所要测量的潜变量；第二，测量指标是否有充分的代表性，他们的分配能否反映所研究的潜变量中各个因子的权重；第三，问卷的形式和问卷的措辞对于被调查者来说是否合适，是否符合他们的文化背景和习惯的表达方式。内容效度的检验可以通过逻辑分析法、专家判断法来完成。本研究的初始量表均是通过对已有文献的梳理和归纳，尽可能直接采用经过学者验证的成熟量表，并根据研究的具体情境适当修订后形成问卷初稿。然后邀请了相关领域的 3 名专家和本专业的在读博士研究生就每一个测量量表指标是否符合他们对此潜变量的认知依次进行主观判断，然后对有争议的地方进行讨论，直到最后达成一致。之后开始进行问卷预调研，并根据被调查者的答题感受，对调查问卷的措辞进行了完善，力求做到表达清晰、简洁明了，尽可能符合被调查者的用语习惯。因此，根据规范的流程实施并完成的量表，能够保证具有很好的内容效度。

(4) 收敛效度

收敛效度的检验主要有三种方法：第一种是根据标准化因子载荷进行检验，当所有题项的标准化因子载荷均大于 0.5 时，则说明量表的收敛效度良好，当所有的标准化因子载荷都大于 0.7 时，表明量表的收敛效度更加理想 (Hair et al, 2006)。[①] 第二种方式是 T 检验法，Larry (1994)[②] 认为所有题项的因子载荷在预期对应的潜变量上进行 T 检验，若结果显著则说明收敛效度良好。第三种方法是组合信度法以及 AVE 法。Hair et al. (2006) 提出使用组合信度和平均变异量 (AVE) 指标对收敛效度进行检验，组合信度和平均变异量的数值越大，则说明该潜变量的测量量表信度和收敛效度越好，通常认为组合信度指标值要大于 0.7，平均变异量 AVE 值大于 0.5。收敛效度的具体分析结果见表 5.14，可以看出，所有测量题项的标准因子载荷的最小值为 0.621，T 检验的 t 值均大于临界比值 3.457 (P < 0.001)，组合信度的最小值为 0.777，平均变异量 AVE 值最小为 0.541。通过三种方法综合判定，正式调查问卷的测量量表的收敛效度理想，满足研究的要求。

表 5.14　信度和收敛效度分析表

变量	题项	标准化载荷	S. E.	C. R.	P	组合信度 (CR)	平均变异量 (AVE)
公平敏感性 ES	ES1	.838				0.913	0.677
	ES2	.840	.033	30.638	***		
	ES3	.831	.034	29.661	***		
	ES4	.826	.032	29.354	***		
	ES5	.788	.034	27.498	***		
互惠性 RE	RE1	.863				0.900	0.750
	RE2	.894	.031	33.943	***		
	RE3	.841	.030	31.205	***		

① Hair J F, Black W C, Babin B J, et al. Multivariate data analysis [M]. Upper Saddle River, NJ: Pearson Prentice Hall, 2006.

② Larry H. A Step-by step approach to using SAS for factor analysis and structural equation modelling [M]. Cary, NC: SAS Institute Inc., 1994.

续表

变量	题项	标准化载荷	S. E.	C. R.	P	组合信度（CR）	平均变异量（AVE）
利他性 AL	AL1	.803				0.777	0.541
	AL2	.621	.035	17.272	＊＊＊		
	AL3	.769	.046	20.786	＊＊＊		
满意	SA1	.859				0.897	0.743
	SA2	.864	.031	31.881	＊＊＊		
	SA3	.864	.032	31.673	＊＊＊		
对贡献的认可 RC	RC1	.845				0.889	0.727
	RC2	.868	.034	30.447	＊＊＊		
	RC3	.845	.034	29.574	＊＊＊		
规范社区压力 NP	NP1	.856				0.818	0.692
	NP2	.807	.046	19.826	＊＊＊		
知识共享 KS	KS1	.840				0.900	0.692
	KS2	.860	.033	30.940	＊＊＊		
	KS3	.838	.034	29.701	＊＊＊		
	KS4	.788	.033	27.273	＊＊＊		

（5）区别效度

区别效度的检验通常采用 Fornell & Larcker(1981)[①]提出的方法，当所有潜变量的平均变异量 AVE 值都大于潜变量之间相关系数的平方时，则证明区别效度满足研究要求。区别效度的检验分析结果如表5.15所示。其中，表中的对角线数值是该潜变量的平均变异量 AVE 值，对角线下方的数值则对应潜变量之间相关系数的平方值。从表5.15可以看出，所有潜变量的平均变异量 AVE 值都远远大于各潜变量之间相关系数的平方值，这充分说明各潜变量之间具有一定的相关性，且彼此之间又具有一定的区分度，即说明量表数据的区分效度理想。

通过 AMOS 统计软件对正式调研所使用量表的信度和效度进行了检验，检验结果十分理想，充分说明正式量表具有很高的信度和效度，根据该量表展开的正式问卷调查所获取的数据具有很好的可靠性和一致性，并且能够充分反映所要测量的各个潜变量，可以根据该调查数据进行假设检验和结构方程模型分析。

---

① Fornell C, Larcker D F. Structural equation models with unobservable variables and measurement error[J]. Algebra and Statistics, 1981, 18(3): 382-388.

表 5.15 区别效度检验表

	公平敏感性	互惠性	利他性	满意	知识共享	对贡献的认可	规范社区压力
公平敏感性	0.677						
互惠性	0.177	0.750					
利他性	0.167	0.261	0.541				
满意	0.198	0.230	0.226	0.743			
知识共享	0.246	0.223	0.194	0.215	0.692		
对贡献的认可	0.161	0.277	0.172	0.217	0.188	0.727	
规范社区压力	0.162	0.171	0.171	0.194	0.207	0.172	0.692

5.5 假设检验

5.5.1 结构方程模型拟合

依据本章提出的理论模型，共包含 7 个潜变量，其中结构方程模型部分包含公平敏感性、互惠性、利他性、满意和知识共享的 5 个潜变量。运用 AMOS 23.0 统计软件进行分析，得到结构方程模型路径图，如图 5.2 所示。

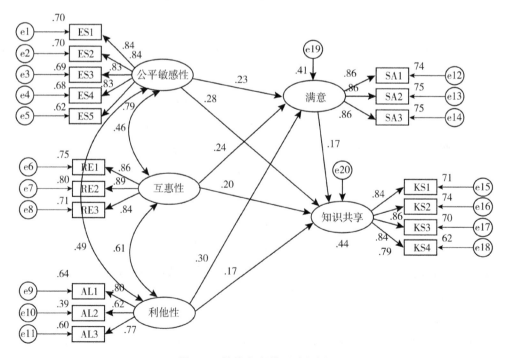

图 5.2 结构方程模型路径图

5.5.2 结构方程模型分析

(1)结构方程模型适配度分析

在对结构方程模型进行检验前，首先应该对结构方程模型的适配度情况进行分析，采用极大似然估计法进行参数估计，相关指标的统计结果如表 5.16 所示。分析结果显示，结构方程模型绝对拟合参数卡方值 CMIN 为 192.290，自由度 DF 为 125，卡方值与自由度的比值为 1.538(小于 3.0)，比较拟合指数 GFI 等于 0.994(大于 0.9)，规范拟合指数 NFI 等于 0.982(大于 0.9)，相对拟合指数 RFI 等于 0.978(大于 0.9)，增量拟合指数 IFI 等于 0.994(大于 0.9)，Tacker-Lewis 指数 TLI 等于 0.992(大于 0.9)，比较拟合指数 CFI 等于 0.994(大于 0.9)，RMSEA 值为 0.025(小于 0.05)。从分析结果来看，所有检验统计量的参数估计值均通过了检验，可以判定结构方程模型的整体适配度良好。

表 5.16 结构方程模型适配情况表

统计检验量	适配的标准或临界值	参数估计值	适配判断
绝对适配指数			
卡方统计值 χ^2	越小越好	192.290	是
RMR 值	<0.05	0.030	是
近似均方根误差(RMSEA)	<0.08	0.025	是
拟合优度指数 GFI	>0.90)	0.976	是
调整后的拟合优度指数 AGFI	>0.90	0.968	是
增值适配度指数			
规范拟合知识 NFI	>0.90	0.982	是
相对拟合指数 RFI	>0.90	0.978	是
增量拟合指数 IFI	>0.90	0.994	是
Tacker-Lewis 指数 TLI	>0.90	0.992	是
比较拟合指数 CFI	>0.90	0.994	是
简约适配度指数			
简约拟合优度指数 PGFI	>0.50	0.714	是
简约基准拟合指数 PNFI	>0.50	0.802	是
简约基准拟合指数 PCFI	>0.50	0.812	是

统计检验量	适配的标准或临界值	参数估计值	适配判断
卡方与自由度的比值	<2.00	192.290/125 = 1.538	是
AIC 值	理论模型值小于独立模型值且同时小于饱和模型值	284.290<342.000 284.290<10603.381	是
CAIC 值	理论模型值小于独立模型值且同时小于饱和模型值	550.738<1332.491 550.738<10707.643	是

结构方程模型路径系数的回归结果如表 5.17 所示，可见各变量之间的路径系数相应的 P 值在 0.001 水平上均显著。由回归分析结果可知，公平敏感性对满意的路径系数是 0.232，P 值小于 0.001，说明公平敏感性与满意之间呈现显著正相关；互惠性对满意的路径系数是 0.244，P 值小于 0.001，说明互惠性对满意有正向显著影响；利他性对满意的路径系数是 0.300，P 值小于 0.001，说明利他性对满意有正向显著影响；公平敏感性对知识共享的路径系数是 0.282，P 值小于 0.001，说明公平敏感性对知识共享有正向显著影响；互惠性对知识共享的路径系数是 0.200，P 值小于 0.001，说明互惠性对知识共享有正向显著影响；利他性对知识共享的路径系数是 0.171，P 值小于 0.001，说明利他性对知识共享有正向显著影响。满意对知识共享的路径系数是 0.174，P 值小于 0.001，说明满意对知识共享有正向显著影响。

表 5.17 结构方程模型分析与假设检验结果

路径关系	系数	标准化路径系数	S.E.	C.R.	P	检验结果
满意——公平敏感性	.248	.232	.040	6.201	***	支持
满意——互惠性	.239	.244	.042	5.670	***	支持
满意——利他性	.324	.300	.052	6.193	***	支持
知识共享——满意	.169	.174	.040	4.218	***	支持
知识共享——公平敏感性	.292	.282	.039	7.446	***	支持
知识共享——互惠性	.191	.200	.040	4.722	***	支持
知识共享——利他性	.179	.171	.050	3.568	***	支持

进一步检验满意在公平敏感性、互惠性、利他性三个自变量对因变量知识共享的中介效应。检验结果见表 5.18 所示，置信区间均不包含 0，因此公平敏感性、互惠性、利他性

通过满意对知识共享具有显著的积极影响,满意在公平敏感性、互惠性、利他性和知识共享之间的中介效应显著。

表 5.18 满意的中介效应检验

	点估计值	95%Bias Corrected CI		Tow-Tailed
		下限	上限	Sig
公平敏感性—知识共享	0.040	0.022	0.071	***
互惠性—知识共享	0.042	0.016	0.069	***
利他性—知识共享	0.052	0.024	0.085	***

5.5.3 有调节的中介效应检验

根据温忠麟、刘红云与侯杰泰(2012)[①]等学者的建议,在 X 为自变量,Y 为因变量,W 为中介变量,U 为调节变量的基本模型中,对 U 调节 W 与 Y 的关系进行检验,以一次检验为例,有调节的中介效应检验步骤为:(1)做 Y 对 X 和 U 的回归分析,X 的系数显著;(2)做 W 对 X 和 U 的回归分析,X 的系数显著;(3)做 Y 对 X,U 和 W 的回归分析,W 的系数显著,此时说明 W 的中介效应成立;(4)做 W 对 X,U 和 UX 的回归,UX 的系数显著,即表明 U 对 W 中介作用的调节效应显著。

研究按照以上检验步骤,自变量 X 包括公平敏感性、利他性和互惠性,因变量为知识共享 Y,中介变量 W,分别检验调节变量 U 规范社区压力和对贡献的认可两个变量对满意中介作用的调节效应进行检验。

(1)对贡献的认可对满意在公平敏感性和知识共享之间中介效应的调节作用

从回归结果来看,满意的回归系数显著,说明满意在公平敏感性和知识共享之间的中介效应成立。交互项对贡献的认可×公平敏感性进入回归模型后,交互项回归系数显著,且后者 R^2 测定系数显著大于前者回归的测定系数(0.334>0.295),因此调节效应显著,对贡献的认可×公平敏感性的标准化系数为 0.185,可见对贡献的认可对满意在公平敏感性与知识共享之间的中介作用起正向调节作用,即表现为高贡献的认可增强满意的中介效应;低贡献的认可减少满意的中介效应。具体见表 5.19 和表 5.20。

---

① 温忠麟,刘红云,侯杰泰.调节效应与中介效应分析[M].北京:教育科学出版社,2012:91-92.

表 5.19 满意在公平敏感性和知识共享之间的中介效应

模型		β	标准误差	标准系数 β	t 值	显著性	调整后的 R²	F 值
1	（常量）	1.240	.128		9.711	.000	.310	201.354
	公平敏感性	.406	.032	.384	12.634	.000		
	对贡献的认可	.265	.029	.280	9.218	.000		
2	（常量）	.982	.129		7.597	.000	.348	159.130
	公平敏感性	.330	.033	.313	10.025	.000		
	对贡献的认可	.190	.030	.201	6.358	.000		
	满意	.222	.031	.232	7.190	.000		

注：因变量为知识共享。

表 5.20 对贡献的认可调节满意在公平敏感性和知识共享之间的中介效应

模型		β	标准误差	标准系数 β	t 值	显著性	调整后的 R²	F 值
1	（常量）	1.164	.135		8.608	.000	.295	186.972
	公平敏感性	.340	.034	.308	10.008	.000		
	对贡献的认可	.340	.030	.342	11.146	.000		
2	（常量）	.874	.310		2.820	.005	.334	149.505
	公平敏感性	.936	.088	.845	10.588	.000		
	对贡献的认可	1.010	.096	.354	10.453	.000		
	对贡献的认可× 公平敏感性	1.031	.025	.185	7.264	.000		

注：因变量为满意。

（2）对贡献的认可对满意在互惠性和知识共享之间中介效应的调节作用

从回归结果来看，满意的回归系数显著，说明满意在互惠性和知识共享之间的中介效应成立。交互项对贡献的认可×互惠性进入回归模型后，交互项回归系数显著，且后者 R² 测定系数显著大于前者回归的测定系数（0.304>0.292），因此调节效应显著，对贡献的认可×互惠性的标准化系数为 0.594，可见对贡献的认可对满意在互惠性与知识共享之间的中介作用起正向调节作用，即表现为高贡献的认可增强满意的中介效应；低贡献的认可减少满意的中介效应。详见表 5.21 和表 5.22。

表 5.21　满意在互惠性和知识共享之间的中介效应

模型		β	标准误差	标准系数 β	t 值	显著性	调整后的 R²	F 值
1	（常量）	1.698	.116		14.597	.000	.269	164.942
	互惠性	.319	.032	.338	10.026	.000		
	对贡献的认可	.243	.032	.257	7.616	.000		
2	（常量）	1.339	.122		11.019	.000	.316	137.968
	互惠性	.240	.032	.253	7.386	.000		
	对贡献的认可	.171	.032	.180	5.300	.000		
	满意	.247	.032	.259	7.844	.000		

注：因变量为知识共享。

表 5.22　对贡献的认可调节满意在互惠性和知识共享之间的中介效应

模型		β	标准误差	标准系数 β	t 值	显著性	调整后的 R²	F 值
1	（常量）	1.453	.120		12.120	.000	.292	184.606
	互惠性	.322	.033	.326	9.821	.000		
	对贡献的认可	.292	.033	.295	8.889	.000		
2	（常量）	.443	.278		3.597	.000	.304	130.590
	互惠性	.645	.086	.651	7.464	.000		
	对贡献的认可	.632	.090	.637	6.989	.000		
	对贡献的认可×互惠性	.101	.025	.594	4.028	.000		

注：因变量为满意。

（3）对贡献的认可对满意在利他性和知识共享之间中介效应的调节作用

从回归结果来看，满意的回归系数显著，说明满意在利他性和知识共享之间的中介效应成立。交互项对贡献的认可×利他性进入回归模型后，交互项回归系数显著，且后者 R^2 测定系数显著大于前者回归的测定系数（0.367>0.311），因此调节效应显著，对贡献的认可×利他性的标准化系数为 0.245，可见对贡献的认可对满意在利他性与知识共享之间的中介作用起正向调节作用，即表现为高贡献的认可增强满意的中介效应；低贡献的认可减少满意的中介效应。详见表 5.23 和表 5.24。

表 5.23 满意在利他性和知识共享之间的中介效应

模型		β	标准误差	标准系数 β	t 值	显著性	调整后的 R^2	F 值
1	（常量）	1.422	.132		10.769	.000	.270	164.429
	利他性	.353	.035	.315	9.984	.000		
	对贡献的认可	.287	.030	.303	9.630	.000		
2	（常量）	1.163	.133		8.774	.000	.314	135.431
	利他性	.257	.037	.229	7.003	.000		
	对贡献的认可	.210	.031	.221	6.824	.000		
	满意	.241	.032	.253	7.535	.000		

注：因变量为知识共享。

表 5.24 对贡献的认可调节满意在利他性和知识共享之间的中介效应

模型		β	标准误差	标准系数 β	t 值	显著性	调整后的 R^2	F 值
1	（常量）	1.071	.134		7.982	.000	.311	202.248
	利他性	.400	.036	.341	11.139	.000		
	对贡献的认可	.322	.030	.324	10.612	.000		
2	（常量）	1.634	.330		4.947	.000	.367	173.049
	利他性	1.220	.098	1.038	12.398	.000		
	对贡献的认可	1.166	.099	1.175	11.745	.000		
	对贡献的认可×利他性	1.326	.245	1.326	8.893	.000		

注：因变量为满意。

（4）规范社区压力对满意在公平敏感性和知识共享之间中介效应的调节作用

从回归结果来看，满意的回归系数显著，说明满意在公平敏感性和知识共享之间的中介效应成立。公平敏感交互项规范社区压力×公平敏感性进入回归模型后，交互项回归系数显著，且后者 R^2 测定系数显著大于前者回归的测定系数（0.313>0.277），因此调节效应显著，规范社区压力×公平敏感性的标准化系数为−0.595，可见规范社区压力对满意在公平敏感性与知识共享之间的中介作用起负向调节作用，即表现为高规范社区压力减少满意的中介效应，低规范社区压力增强满意的中介效应。详见表 5.25 和表 5.26。

表 5.25　满意在公平敏感性和知识共享之间的中介效应

模型		β	标准误差	标准系数 β	t 值	显著性	调整后的 R²	F 值
1	（常量）	2.883	.161		17.913	.000	.322	212.337
	公平敏感性	.395	.032	.374	12.383	.000		
	规范社区压力	-.294	.029	-.304	-10.076	.000		
2	（常量）	2.222	.181		12.258	.000	.359	167.086
	公平敏感性	.318	.033	.301	9.694	.000		
	规范社区压力	-.225	.030	-.233	-7.527	.000		
	满意	.218	.030	.228	7.220	.000		

注：因变量为知识共享。

表 5.26　规范社区压力调节满意在公平敏感性和知识共享之间的中介效应

模型		β	标准误差	标准系数 β	t 值	显著性	调整后的 R²	F 值
1	（常量）	3.031	.174		17.423	.000	.277	171.883
	公平敏感性	.353	.034	.319	10.250	.000		
	规范社区压力	-.315	.032	-.311	-10.002	.000		
2	（常量）	-4.659	.293		-15.928	.000	.313	136.049
	公平敏感性	.188	.073	.880	7.209	.000		
	规范社区压力	-.914	.093	-.903	-9.844	.000		
	规范社区压力× 公平敏感性	-.173	.025	-.595	-6.833	.000		

注：因变量为满意。

（4）规范社区压力对满意在互惠性和知识共享之间中介效应的调节作用

从回归结果来看，满意的回归系数显著，说明满意在互惠性和知识共享之间的中介效应成立。交互项规范社区压力×互惠性进入回归模型后，交互项回归系数显著，且后者 R^2 测定系数显著大于前者回归的测定系数（0.325>0.299），因此调节效应显著，规范社区压力×互惠性的标准化系数为-0.461，可见规范社区压力对满意在互惠性与知识共享之间的中介作用起负向调节作用，即表现为高规范社区压力减少满意的中介效应，低规范社区压力增强满意的中介效应。详见表 5.27 和表 5.28。

表 5.27　满意在互惠性和知识共享之间的中介效应

模型		β	标准误差	标准系数 β	t 值	显著性	调整后的 R^2	F 值
1	（常量）	3.219	.149		21.644	.000	.303	194.097
	互惠性	.324	.029	.343	11.153	.000		
	规范社区压力	-.302	.030	-.313	-10.163	.000		
2	（常量）	2.548	.173		14.751	.000	.340	153.520
	互惠性	.246	.030	.260	8.075	.000		
	规范社区压力	-.237	.030	-.245	-7.805	.000		
	满意	.221	.031	.232	7.117	.000		

注：因变量为知识共享。

表 5.28　规范社区压力调节满意在互惠性和知识共享之间的中介效应

模型		β	标准误差	标准系数 β	t 值	显著性	调整后的 R^2	F 值
1	（常量）	3.030	.156		19.412	.000	.299	191.246
	互惠性	.356	.031	.360	11.674	.000		
	规范社区压力	-.295	.031	-.291	-9.446	.000		
2	（常量）	-4.195	.252		-16.672	.000	.325	143.612
	互惠性	.424	.064	.524	6.372	.000		
	规范社区压力	-.745	.083	-.736	-8.978	.000		
	规范社区压力×互惠性	-.138	.024	-.461	-5.839	.000		

注：因变量为满意。

（6）规范社区压力对满意在利他性和知识共享之间中介效应的调节作用

从回归结果来看，满意的回归系数显著，说明满意在利他性和知识共享之间的中介效应成立。交互项规范社区压力×利他性进入回归模型后，交互项回归系数显著，且后者 R^2 测定系数显著大于前者回归的测定系数（0.305＞0.296），因此调节效应显著，规范社区压力×利他性的标准化系数为-0.326，可见规范社区压力对满意在利他性与知识共享之间的中介作用起负向调节作用，即表现为高规范社区压力减少满意的中介效应；低规范社区压力增强满意的中介效应。详见表 5.29 和表 5.30。

表 5.29 满意在利他性和知识共享之间的中介效应

模型		β	标准误差	标准系数 β	t 值	显著性	调整后的 R²	F 值
1	（常量）	3.196	.169		18.958	.000	.283	175.627
	利他性	.342	.035	.304	9.752	.000		
	规范社区压力	-.318	.030	-.329	-10.525	.000		
2	（常量）	2.523	.186		13.565	.000	.327	143.749
	利他性	.243	.036	.216	6.671	.000		
	规范社区压力	-.247	.031	-.255	-8.036	.000		
	满意	.238	.031	.249	7.590	.000		

注：因变量知识共享。

表 5.30 规范社区压力调节满意在利他性和知识共享之间的中介效应

模型		β	标准误差	标准系数 β	t 值	显著性	调整后的 R²	F 值
1	（常量）	2.827	.175		16.174	.000	.296	187.836
	利他性	.416	.036	.353	11.436	.000		
	规范社区压力	-.297	.031	-.294	-9.503	.000		
2	（常量）	-3.711	.302		-12.280	.000	.305	131.140
	利他性	.163	.079	.139	2.061	.040		
	规范社区压力	-.632	.099	-.624	-6.409	.000		
	规范社区压力×利他性	-.102	.028	-.326	-3.573	.000		

注：因变量为满意。

5.6 实证研究结果及分析讨论

5.6.1 总体研究结果

研究共提出了 13 条研究假设，所有假设均通过检验。其中，应用结构方程模型通过假设检验的路径如下：H1：众包社区用户满意度正向影响知识共享（$\beta = 0.174$，$P < 0.001$）；H2：公平敏感性正向影响众包社区用户知识共享的满意度（$\beta = 0.232$，$P <$

0.001）；H3：公平敏感性正向影响众包社区用户知识共享（β=0.282，P<0.001）；H4：互惠性对众包社区用户知识共享的满意度有正向影响（β=0.244，P<0.001）。H5：互惠性对众包社区用户的知识共享有正向影响（β=0.200，P<0.001）；H6：利他性对众包社区用户知识共享的满意度有正向影响。（β=0.300，P<0.001）；H7：利他性对众包社区用户的知识共享有正向影响（β=0.171，P<0.001）；此外，通过回归分析检验的6条有调节的中介效应均显著；H8a：对贡献的认可调节满意的中介作用，对贡献的认可程度越高，公平敏感性和知识共享的关系越强（β=0.185，P<0.001）；H8b：对贡献的认可调节满意的中介作用，对贡献的认可程度越高，互惠性和知识共享的关系越强（β=0.594，P<0.001）；H8c：对贡献的认可调节满意的中介作用，对贡献的认可程度越高，利他性和知识共享的关系越强（β=0.245，P<0.001）；H9a：规范社区压力调节满意的中介作用，规范社区压力越高，公平敏感性和知识共享的关系越弱（β=-0.595，P<0.001）；H9b：规范社区压力调节满意的中介作用，规范社区压力越高，互惠性和知识共享的关系越弱（β=-0.461，P<0.001）；H9c：规范社区压力调节满意的中介作用，规范社区压力越高，利他性和知识共享的关系越弱（β=-0.326，P<0.001）。

因此，通过实证分析可以看出，在众包社区中，社区成员满意度对知识共享有正向影响，这进一步表明了满意在人们行为预测的作用；用户的公平敏感性、互惠性和利他性等具有个性特征的认知因素不仅对众包社区知识共享有显著的直接效应，而且还通过中介变量满意这一情感体验因素对知识共享具有间接效应。从结果来看，主效应与研究提出的假设一致，说明社会偏好确实对人们的参与情感体验和参与行为产生影响。此外，对贡献的认可作为众包社区成员感知的支持性氛围，正向调节满意的中介效应；规范社区压力作为众包社区用户感知的控制性氛围负向调节满意的中介效应，有调节的中介效应全部通过检验。总体来看，通过理论分析提出的假设均通过实证检验，这对更加深入了解众包社区用户的心理特征和知识共享参与行为之间的影响机制具有重要的理论意义和实践意义。

5.6.2　研究结果分析

（1）众包社区用户满意度对知识共享的影响分析

众包社区用户知识共享的满意度对知识共享行为有显著正向影响，这一研究结论与Chiu et al. (2011)、Jin et al. (2013)等的研究结果一致，说明了社区用户在知识共享过程中的满意程度对其知识共享有直接影响。从众包社区发展的过程来看，只有用户能够持续的参与众包社区的信息互动和知识共享等活动，众包社区才能实现健康可持续发展。因此，社区应该采用多种激励机制提升用户参与知识共享的满意度。从本质上来说，满意度作为社区用户参与知识共享后的一种情感认知评价，取决于其知识共享的预期与实际心理感知的对比。因此，社区管理者应通过多种渠道了解用户的满意度，关注其知识贡献过程的体验，通过提高用户满意度增加用户知识共享的参与。

（2）众包社区用户公平敏感性、满意和知识共享的关系分析

研究结果显示众包社区用户的公平敏感性对众包社区知识共享的满意度有显著正向影响，公平敏感性是人们内在情感中的正义感，它将通过具体行为呈现出来。公平敏感性对满意具有正向影响的结论与 Chiu et al.（2011）的研究结果一致，众包社区作为在线社交网络，人们在其中互动，分享信息和知识。社区成员的公平敏感性越高，其知识共享过程中愈加关注公平感知，其作为知识贡献者在知识共享的过程中越容易产生满意情感。同时，众包社区用户公平敏感性对知识共享有显著正向影响的假设成立，这和胡新平等（2013）对研发团队知识共享的研究结论基本一致，公平敏感性是对众包社区成员公平偏好的测量变量，为了更好地激励社区成员知识共享，社区管理者应建立基于公平偏好的激励机制。

（3）众包社区用户互惠性、满意和知识共享的关系分析

研究结果显示众包社区用户互惠性对知识共享的满意度有正向影响，互惠性行动取决于回报以及回报预期，众包社区中互惠性是指社区用户具有的当前知识共享行为会有助于未来知识需求满足的信念，Wasko 和 Faraj（2000）认为强烈的互惠感能够产生满意，Christy et al.（2007）认为知识共享过程中互惠预期有较高确认的用户满意度较高，学者的研究结果在众包社区情境下得到了验证，进一步说明互惠性对满意程度的正向影响。同时，互惠性对众包社区知识共享有正向影响的假设也得到支持，这充分说明众包社区成员往往具备较高的知识水平，而且相信自己的知识共享会在自己有需要的时候得到回报，因此促进了其在社区进行知识共享。

（4）众包社区用户利他性、满意和知识共享的关系分析

实证结果支持众包社区用户利他性对知识共享满意度有正向影响，利他行为是一种组织公民行为（Yu & Chu，2007），对众包社区而言，虽然与实体的组织不同，但是社区用户在知识共享过程中由于利他性对众包社区形成的归属感和满意感与在实体组织的体验本质是相同的，社区成员的利他性促使其在知识共享过程中产生满意的情感，这一观点与 Zhang et al.（2017）①对在线健康社区的研究结论一致，而且众包社区用户利他性对知识共享具有显著正向影响也通过了检验，利他性作为社区成员参与知识共享内在动机的具体体现，是促进知识共享的重要认知资本，社区管理者可以推送通过知识共享帮助其他成员或帮助发包方解决问题和实现创新的案例，增强社区用户的利他动机，促进众包社区的知识共享。

（5）对贡献的认可和规范社区压力的调节效应分析

从实证结果来看，对贡献的认可调节满意的中介效应，对贡献的认可程度越高，公平敏感性、互惠性和利他性和众包社区知识共享的关系越强。对贡献的认可作为众包社区感知氛围中的支持氛围，当社区成员感觉自身公平行为、互惠行为和利他行为得到众包社区

---

① Zhang X, Liu S, Deng Z, et al. Knowledge sharing motivations in online health communities: a comparative study of health professionals and normal users[J]. Computers in Human Behavior, 2017, 75: 797-810.

管理者以及其他成员的较高程度认可时，社区的成员满足感会得到加强，这有助于促进知识共享；当认可程度较低时，社区成员满意度下降，则有可能减少甚至停止知识共享（Peccei，2007）。同时，规范社区压力调节满意的中介效应，规范社区压力程度越高，公平敏感性、互惠性和利他性和众包社区知识共享的关系越弱，规范社区压力作为众包社区感知氛围中的控制性氛围，当社区成员感受到的压力超越自身所能承受的范围，会产生消极情绪，甚至引发心理抗拒行为，从而减少知识共享。

5.7　本章小结

本章从以社会偏好的表现形式公平敏感性、互惠性和利他性为自变量，整合计划行为理论和社会资本理论，构建了众包社区知识共享实现机制的研究模型，并以此为基础提出了13条假设，然后以国内外文献的量表为基础，结合研究情境形成众包社区知识共享的预调研问卷，并运用 SPSS 23.0 统计软件对预调研数据进行信度和效度分析，最终形成正式调查问卷。接下来运用对正式调研数据进行描述性统计分析、相关分析、验证性因子分析，信度分析和效度分析，结果表明正式问卷具有很高的信度和效度，能够充分反映所要测量的各个潜变量，可以进行假设检验和结构方程模型分析。最后通过结构方程模型分析和调节回归分析对提出的假设进行检验，并对实证结果进行讨论。研究结果表明，社区成员满意度对知识共享有正向影响，用户的公平敏感性、互惠性和利他性对众包社区知识共享有显著的直接效应，而且还通过中介变量满意对知识共享具有间接效应。此外，研究发现对贡献的认可正向调节满意的中介效应，规范社区压力作为众包社区用户负向调节满意的中介效应。总体来看，所有假设均通过实证检验，这对更加深入了解众包社区用户心理特征和知识共享之间的影响机制具有重要的理论意义和实践意义。

6 促进众包社区知识共享的策略

前文的研究结论为促进众包社区知识共享奠定了坚实的理论基础。因此，通过加强众包社区用户的网络结构关系管理，激发社区用户的公平偏好、互惠偏好和利他偏好，建立对众包社区用户贡献的认可机制，构建良好的众包社区氛围，能够有效的促进众包社区的知识共享。本章将从网络结构关系、社会偏好、贡献认可机制、社区氛围和众包创新生态系统构建等五个方面提出促进社区用户参与知识共享的策略。

6.1 加强众包社区用户的网络结构关系管理

6.1.1 充分发挥领先用户和结构洞的关键作用

领先用户是众包社区所构成的社会网络中的中心成员，他们往往是某领域的权威专家或者行业精英，而且参与社区知识共享活跃度很高，有能力提供有价值的高质量的信息和知识，因此在众包社区中具有较高的影响力。对企业自建的众包社区来说，领先用户往往是新产品、知识和应用的早期使用者和自愿传播者，他们的需求和关注点应该引起企业足够的重视，尤其是为新产品或服务提供的设计构想和问题解决方案通常具有很高的价值。总的来看，众包社区中领先用户不仅拥有将有价值的知识分享给社区中其他成员的愿望，而且具有提供有价值知识和信息的能力和作用。因此，众包社区管理者应设法保留领先用户，对领先用户提供的知识给予积极反馈，通过各种激励措施充分发挥领先用户的影响力。更为重要的是，发包方可以通过与领先用户协作，实现众包和众创结合，这样既解决了发包方的创新和技术难题，又为创业者提供了机会，实现众包社区中领先用户和发包方的共赢发展，而且为其他社区成员提供示范作用，从而使社区中的一般用户能够积极主动的参与知识共享。结构洞成员扮演着知识"桥梁"的作用，对众包社区知识的快速有效传播具有至关重要的影响。通过对众包社区知识共享网络结构的结构洞指标分析，识别出结构洞成员，当发现凝聚子群之间缺少结构洞成员连接时，社区管理者可以通过邀约、公告、邮件发送等方式吸纳相应的专家，搭建起凝聚子群信息和知识互动的桥梁，更好地促进众包社区的发展。

6.1.2 激发一般用户的知识共享的主动性

一般用户在众包社区中同样承担着重要的作用，他们占据了众包社区用户中的绝大部分，但由于某些特定原因，导致他们很少甚至从不参与社区的知识共享，只是偶尔进行浏览。对于这些具有庞大群体的众包社区用户，一方面可以通过问卷调查、访谈等形式充分了解他们的需求，探究其中的原因，以便采取精准的激励措施鼓励他们参与社区知识的交流与互动。同时，针对目前众包社区用户数量巨大，知识同质性较强，社区用户容易产生"信息懈怠"等现象，社区管理者应通过特定的管理手段予以弥补，比如利用大数据技术对重复的信息和知识进行删除，优化信息和知识共享的互动界面；也可以邀请行业专家对当下热点问题和研究趋势进行分析，使社区成员知识共享的内容更加丰富、更具前沿性、也更具参考价值和启发意义。

6.1.3 积极开展线上线下活动

促进众包社区知识共享的目的是帮助发包方解决现实中的实际问题，为其实现创新发展提供源源不断的创意思想。众包社区成员之间通过互动的知识交流不仅由于思维碰撞从而产生新的创新创意，而且有利于成员彼此之间信任的构建，从而形成友好的社交关系网络，为实现社区知识协同奠定良好的基础。众包社区成员来自网络大众，知识背景、行为模式、兴趣爱好、能力素质差异很大，因此，如何促进成员之间知识共享的协同是众包社区持续发展的关键因素之一。对众包社区管理者而言，要不断引导社区成员的协作意识，鼓励其主动参与社区的话题讨论和知识共享活动，增强成员之间的信任和社区的归属感。最有效的方式是组织丰富多样的线上和线下活动，为社区成员互动交流和建立深入广泛的联系提供多种可能。比如开展个人或团体的创新知识竞赛活动、创新知识案例讲座、创新知识专题研讨、召开社区成员年会、知识的个性化推送等，使得虚拟环境中的信任关系演变成现实中的信任关系，以此鼓励社区成员积极参与社区活动，增强社区成员凝聚力，为用户间的紧密交流和合作建立社会网络。

6.2 激发众包社区用户的社会偏好

6.2.1 激发众包社区用户的公平偏好

公平敏感性作为众包社区用户公平偏好的具体体现，对知识共享具有促进作用。公平事实上代表了社区用户与社区管理者及其他用户关系的一个关键因素，因此，社区管理者首先应该通过公平的分配和奖励机制促进众包社区的知识共享，以台湾地区最大的程序设计社区网站蓝色小铺为例,该社区构建了基于价值积点、提问积点、专家积点和健康积点的 4P 积分模式来识别成员的活跃度和知识贡献水平,社区会员可以通过发布的回复数量、贡献质量的程度、上传的有用文件的数量和参与社区交互的频率来获得各种积点,作为回报他们可以赢得从社区获取知识的权利。基于 4P 积分数量代表该成员知识贡献的程度,这种方法非常实用,能够激励用户的公平感知,从而更积极主动地贡献知识。其次,社区管理者应该通过制定明确的规则维持众包社区成员之间和谐互动,以保证成员之间互动的友好性,对违规甚至违法的发帖或者评论进行删除,以维护社区成员的人际公平。最后,通过制定合理的社区规则,使社区用户在知识共享的过程中能够充分地感知程序公平,通过提供及时的信息来满足社区成员的具体需要,从而加强成员对信息公平的认知。

6.2.2　激发众包社区用户的互惠偏好

互惠性是众包社区用户在知识共享过程中互惠偏好的具体体现,对知识共享具有正向影响。众包社区知识共享参与行为是基于社区用户的自愿性和开放性,他们彼此并不了解,知识共享者并不能约束其他社区成员的行为,当社区成员相信自己的知识共享和知识贡献行为能够得到补偿,同时在获取信息和知识后能够在其他成员寻求帮助的时候给予回报,知识共享的持续参与行为才会发生。因此,社区管理者应该通过建立合理的互惠规范,使社区成员在知识获取的同时充分认识到自己有义务和责任在其他成员需要帮助时进行知识共享。比如通过积分制度的建立、社区回报制度建设、建立兴趣子社区等措施促使众包社区形成浓厚的互惠氛围,使社区用户能够切实感受到自己在获取知识,同时应该花费更多的时间、精力进行高质量的知识共享。此外,社区管理者还可以将知识贡献者帮助请求已经得到回复的情况及时反馈给社区用户,以提高社区用户对互惠性的认知,从而强化社区知识共享行为。

6.2.3　激发众包社区用户的利他偏好

众包社区用户的利他偏好通过利他性的具体行为表现出来,用户参与知识共享主要原因是他们喜欢帮助别人,因此具有与其他社区成员分享知识并帮助他人解决问题的内在动力。因此,社区管理者应该采取多种方式满足用户乐于助人所产生的愉悦感。比如,针对特定主题的讨论,可以采用邀请制的方式请社区成员参与;还可以请贡献较大的社区成员担任特定版块的版主,并给予其一定的管理权限,负责该版块的日常运营和管理;社区管理者给予社区成员必要的资源支持,为其知识共享行为提供动机,促进知识共享行为。

6.3 对众包社区用户的贡献给予足够的认可

6.3.1 制定合理的实物价值奖励机制

众包社区的用户在知识共享过程中难免会权衡收益与成本，收益主要包括物质报酬、积分、等级、在线货币等，成本主要指为实施知识共享行为所付出的时间、精力、知识等。当收益大于成本时，会驱动众包社区用户更加积极地参与知识共享。当前关于知识共享行为的实证研究主要采用"奖赏""期望报酬"等变量验证实物价值对知识共享的作用机理，虽然由于研究样本和研究模型的差异造成结果也存在一定差异，但大量的研究结果显示，社区成员的知识共享行为源于"社区红包"和"等级"等实用价值因素，这些因素在一定程度上促进了社区的知识共享。因此，众包社区管理者要设置合理的实物价值奖励机制。社区管理者要根据众包社区发展的不同阶段对社区用户采取不同的实物价值奖励，尤其在众包社区初创期间，应该加大实物奖励，而在众包社区发展成熟期，实物价值的奖励应该适当降低。此外，实物价值奖励的形式应该丰富化，除了现金奖励，社区可以通过社区红包、社区虚拟论坛币、积分、等级等形式鼓励社区用户参与知识共享。

6.3.2 采取多种措施构建众包社区情感价值认可机制

情感价值的含义常见于营销学，通过满足众包社区用户的情感需求，形成对社区的信任与依赖，从而通过知识共享行为获得积极的情绪体验，例如愉悦感、乐趣、满足感、轻松感、有趣、声誉等，这些积极的情绪体验可以有效地促进知识共享行为的持续发生。情感价值更加关注和激发众包社区用户的内在情感动机，当用户的情感动机得以触发，其会对知识共享行为投入度增加，注意力更加集中，更加愿意沉浸其中，从而使知识共享行为更加高效顺畅。与实物价值奖励相比，也更具有持久性，属于更高层次的需求满足，尤其对于发展比较成熟的众包社区，情感体验的满足尤其重要。因此，社区管理者应该采取多种方式提升用户的情感体验。比如小米公司通过 MIUI 论坛与社区用户互动，建立信任的同时收集意见和建议，并据此进行产品改进；在开发手机新功能时向社区用户透露大致的创意或者在正式版本发布前让社区用户通过投票选择新产品，同时对众包社区知识贡献较大的用户给予较高的声誉和等级机制，并优先获得新产品体验的机会等。这一系列的做法能够增加众包社区用户的愉悦感、乐趣、满足感等，有利于吸引新用户和鼓励老用户更多地参与社区的知识共享。

6.3.3 构建众包社区成员社会价值认可机制

社会价值是对众包社区成员知识共享参与行为的自我表达。对众包社区而言，声誉、形象、面子、身份、地位等因素都是社区成员知识共享过程中社会价值的具体表现。因此，众包社区管理者可以通过建立知识共享质量的评价机制，从而对社区成员知识共享所产生的社会价值给予认可；对贡献较大的成员给予"荣誉功勋"称号，形成众包社区成员社会价值的示范效应；建立特定的主题版块，为众包社区成员提供展示专业知识和专业技能的舞台，从而提升自己的形象和声誉。通过一系列社会价值认可机制可以对众包社区的知识共享行为进行激励，促进众包社区的持续健康发展。

6.4 营造良好的感知社区氛围

6.4.1 制定合理的众包社区规范

众包社区规范压力过高不利于众包社区用户的知识共享行为，但这不等于没有规范，合理的众包社区规范是促进众包社区健康发展的必要措施。首先，众包社区管理者应该制定明确的社区规则，例如各参与主体注册实名制、共享知识产权属性的界定规则，使社区成员的利益能够得到保障，从而减少知识共享的心理顾虑。其次，当社区成员出现不文明发帖和发言等违规信息时，对发布者给予警告、禁言直至注销会员资格。最后，建立众包社区成员之间相互监督的制度。考虑到众包社区的开放性和用户群体背景的复杂性，对于一些违规或者恶意信息和知识，鼓励社区成员通过反馈、举报、投诉等方式进行监督，从而达到净化众包社区氛围的目的。

6.4.2 构建轻松自主的众包社区氛围

众包社区氛围指在特定众包社区里成员呈现的行为特征，不同的众包社区社区氛围通常有所不同，社区氛围具有一定的持久性，因此一旦形成很难改变。成员认同、开放和创新的社区氛围能够使社区成员感知大家庭的氛围，自觉遵守社区规定，活跃度增加，归属感、相互信任和创新思维得到有效激发，从而增加社区成员知识共享的自我效能感，这必将促进社区成员的知识共享。首先，应该加大众包社区宣传力度，使社区成员对众包社区的运营理念、特色和优势有更加全面深刻的理解，并把相应内容融入自己的知识共享参与过程。其次，社区管理者为用户提供多样化和人性化的服务，并且提供各种资源支持，使其能够乐于参与众包社区知识共享。再次，构建众包社区用户信任机制。通过开通社区成员即时通信功能，使彼此交流和互动更加便捷，频繁的互动会增加彼此之间的信任，相互信任的社区氛围更容易形成知识的聚合效应，众包社区知识内容会因此得以不断丰富和更新。最后，建立社区成员的自我管理机制。考虑到众包社区规模很大，仅仅依靠社区管理者的力量是远远不够的，通过选取知识贡献较大、有充足闲暇并且有意愿的社区成员参与众包社区的管理,一方面弥补社区管理者不足的局面,另一方面能够发挥社区成员的积极性和能动性。

6.5 构建众包创新生态系统

众包创新生态系统是由发包方、接包方、众包平台、利益相关者和环境等因素相互作用形成的协同创新体系,它基于政策法律、经济、技术、社会文化等宏观环境的动态发展,通过互联网和大众社交媒体技术,借助第三方平台或企业自建平台,打破传统创新的边界,促进发包方与接包方之间开展跨越空间、跨行业的创新协同,从而提升企业创新水平,降低企业创新成本,增强企业竞争能力,最大限度地发挥企业内部科研力量和外部闲置智力资源的协同效应、集聚效应和规模效应。因此,培育高效的众包创新生态系统,是促进企业开放式创新、提升企业竞争能力的重要途径。

众包创新生态系统包括创新开发群落、创新应用群落、创新媒介群落、创新合作群落以及众包环境,如图6.1所示。创新开发群落主要由互联网大众构成,即接包方;创新应用群落主要指发包方,即通过众包模式获取创新创意的企业或个人,是众包成果的使用者和受益者;创新媒介群落,主要是指众包平台,其为创新开发群落和创新应用群落搭建平台,营造良好的社区氛围,并承担知识共享和知识传递的媒介;创新合作群落,主要是指利益相关者,如供应商、竞争对手、宽带服务商、银行、公共服务机构等;众包环境指众包过程中涉及的政策法律、技术、社会文化、经济等因素。事实上,四个构成群落所对应的主体具有多重属性,比如创新生产群落中的互联网大众也可以是创新应用群落的发包方;创新应用群落中的部分企业可以成为创新媒介群落,海尔建立了自己的众包平台HOPE,注册用户可以在海尔HOPE社区内提出创新方案和技术改进建议,可见海尔公司具有创新应用群落和创新媒介群落的双重属性。

众包创新生态系统各个群落之间具有广泛而复杂的关系。众包活动要受到众包环境的影响和制约,创新开发群落、创新应用群落、创新媒介群落和创新合作群落之间存在着广泛的物质、情感、信息、知识等交换。创新开发群落会受到政府政策、创新媒介群落创新氛围、创新应用群落的创新激励以及创新合作群落的良好服务的影响。四个群落在不断地交流沟通和协作过程中,依托特定的众包环境,以发包方、众包平台、接包方之间的实物价值链和利益相关者的合作下形成交互的创新生态网络。更进一步在互联网大众的推动下,以创新开发群落的网络大众为"导火索",不断促进众包创新生态系统的完善和发展。

6.5.1 根据众包平台的发展阶段采取适宜的激励形式

众包创新生态系统作为协作交互系统,它的持续发展某种程度上取决于各创新群落的规模和异质性，即规模达到一定程度的同时拥有大量专业背景、兴趣、专长不同的参与主体，这样既避免了同质化竞争，又能呈现出一定的规模效应和协同效应。在众包平台初创发展期，应该加大实物奖励，同时实物价值奖励的形式应该丰富化，除了现金奖励，可以通过社区红包、社区虚拟论坛币、积分、等级、推荐用户加入给予特定奖励等形式鼓励尽可能多的用户参与，而在众包平台成熟期，实物价值的奖励应该适当降低，平台管理者应该采取多种方式提升用户的情感体验。比如小米公司通过 MIUI 论坛与用户互动，建立信任的同时收集意见和建议，并据此进行产品改进；在开发手机新功能之前向社区用户透露大致的创意或者在正式版本发布前让社区用户投票选择产品，同时对众包社区知识贡献较大的用户给予较高的声誉和等级机制，并优先获得新产品体验的机会。这一系列的做法能够增加社区用户的愉悦感、乐趣、声誉和满足感等，有利于吸引新用户和鼓励老用户更多地参与众包。总之，当众包平台用户规模较大并保持一定的异质性时，发包方和接包方都拥有充分的选择权，众包创新生态系统才能均衡发展。

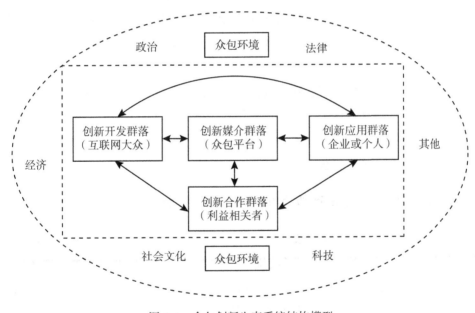

图 6.1　众包创新生态系统结构模型

6.5.2　增强各参与主体的归属感和信任感

　　首先，充分发挥社区中领先用户的作用。领先用户作为众包社区中的活跃分子，往往掌握着先进的知识和思想，发挥着"意见领袖"的作用，对发包方和接包方都大有裨益。因此，一方面通过物质奖励、等级荣誉、社区特权等方式激励领先用户积极与其他参与主体协作，另一方面，发包方可以通过与领先用户协作，实现众包和众创结合，这样既解决了发包方的创新和技术难题，又为创业者提供了机会，实现众包社区中领先用户和发包方的共赢发展。其次，通过组织丰富多样的线上和线下活动，增强成员的归属感和协作意识。比如展开个人或团体的创新知识竞赛活动、创新知识案例讲座、创新知识专题研讨、召开社区成员年会等，以此鼓励社区成员积极参与社区活动，增强社区成员凝聚力，为用户间的紧密交流和合作建立社会网络。最后，通过建立兴趣子社区，构建众包社区用户信任机制。具有相同兴趣的社区用户由于爱好相近，知识背景相似，因此彼此交流和互动会愈加频繁，这无疑会进一步增加彼此之间的信任，相互信任的社区氛围更容易形成知识的聚合效应，各参与主体的协同合作将更加深入。

6.5.3 建立全过程的风险管理机制

众包是一种外向式商业模式，其风险的存在不可避免，首当其冲的是众包参与主体的欺诈行为，例如发包方对接包方的技术方案进行复制或适当修改后据为己有，接包方提供基于捏造数据形成的方案来骗取项目奖励或平台积分奖励等，因此必须建立相应的风险管理机制，维护众包创新生态系统的健康有效运转。可以通过建立健全参与主体的准入制度，对参与主体的参与资格进行全面有效的审查；方案筛选采用二阶段机制，第一阶段接包方提交方案摘要，第二阶段采用自评和接包方集体评价相结合的方法确定最优方案，方案筛选过程众包平台要予以监督；建立接包方、发包方和众包社区三者互评的信用评价机制，各参与主体可以将评价结果作为选择合作者的依据；建立合理的奖惩机制，比如对众包社区优秀的接包方进行奖励，对发布任务较多的发包方给予置顶、减免佣金等奖励，对存在欺诈行为的参与主体进行公示、罚款等。

6.5.4 以全球 TRIPs 知识产权保护制度框架为指导

众包作为一种非契约关系的创新模式，知识产权风险的存在毋庸置疑。知识产权关乎各参与主体的切身利益，势必影响众包创新生态系统的发展，因此必须严格遵守 TRIPs 知识产权保护制度框架，通过众包平台流程的系统化保障众包活动中知识产权的安全转移。具体措施包括建立各参与主体实名制的平台规则；在众包交易开始前签订知识产权归属协议，明确不同协同创新模式下的知识产权属性，清晰界定众包成果所产生的经济效益的分配程序和分配比例，确保众包生态系统中各参与方知识产权的权益。

7 研究结论与展望

7.1 研究结论

以知识共享为依托的众包社区创新模式成为企业创新"新常态"的重要组成部分，众包社区知识共享能力的高低、外部大众创新主体和企业自有人力资源知识共享的深入程度对企业创新能力的提升有着重要的意义。因此，以众包社区知识共享为研究对象，结合基于有限理性的社会偏好理论，通过文献分析和实证研究，对众包社区知识共享的参与行为及实现机制进行了深入研究，为促进众包社区知识共享的健康和可持续发展提供了一定的理论支撑和策略建议。具体来看主要形成了以下研究结论：

（1）众包社区知识共享的网络结构具有无标度和小世界网络结构特征

以小米公司的 MIUI 众包社区抓取的网页数据为例构建众包社区知识共享网络，通过对众包社区网络的点度中心性、接近度中心性、中介中心性以及核心群体等中心性统计指标进行分析，发现众包社区知识共享网络具有无标度网络的结构特征，核心群体在众包社区知识传播和知识的共享中发挥着关键作用；通过对众包社区网络集聚系数和平均最短路径系数的统计分析，发现众包社区知识共享网络具有较高的集聚系数和较小的平均路径长度，具有小世界网络结构的特征，说明了众包社区成员之间交互联系频繁，知识传播效果好，知识共享的效率较高，但同时也发现共享知识的同质性比较高的问题需要改善；通过对有效规模、效率、限制度和等级度等四个结构指标的分析，发现了占据更多结构洞的节点，这些节点在知识传播和知识共享的过程中起到了桥梁的作用。

（2）社会偏好对众包社区知识共享具有促进作用

以复杂网络演化博弈理论和社会偏好理论为基础，构建了基于方格网络、WS 小世界网络和无标度集聚网络结构特征的众包社区用户知识共享的演化博弈模型，通过 Matlab 编程分别对不考虑社会偏好和考虑社会偏好两种情况下众包社区用户在三种网络结构上的知识共享演化及动态均衡进行模拟仿真实验，并对模拟仿真结果进行对比分析。研究发现，当不考虑社会偏好时，方格网络结构对众包社区知识共享演化促进作用不明显，而 WS 小世界网络和无标度集聚网络结构对知识共享演化具有一定的促进作用，但无标度集聚网络呈现出较强的不确定性;不考虑社会偏好时博弈收益参数对三种网络结构的知识共享均衡密度都呈现出一定的抑制作用,WS 小世界网络的断边随机重连概率对知识共享者均衡密度呈现规律性的影响,无标度集聚网络的二次连接方式概率对知识共享者均衡密度无规律性影响。当考虑社会偏好时,通过演化均衡分析发现,社会偏好对小世界网络结构上的知识共享演化有规律性的促进作用,而对无标度集聚网络结构上的知识共享演化虽然有促进作用,但具有较强的不确定性,这与无标度网络连接机制形成的高连接度节点密不可分。总体来看,社会偏好对众包社区知识共享具有促进作用。

(3)实证检验社会偏好下众包社区知识共享的实现机制

研究整合计划行为理论和社会资本理论,将众包社区用户社会偏好的具体表现公平敏感性、互惠性和利他性作为自变量,提出研究的概念模型,然后通过收集的 891 份有效调查问卷,运用结构方程模型和调节回归分析,对众包社区知识共享的实现机制进行实证检验。研究结果表明,结构方程模型具有很好的适配性,所提出的假设均通过检验,满意对众包社区知识共享具有正向影响,公平敏感性、互惠性和利他性对众包社区知识共享具有正向影响,而且公平敏感性、互惠性和利他性通过中介变量满意影响众包社区知识共享。此外,从调节效应来看,对贡献的认可正向调节满意在公平敏感性和知识共享、互惠性和知识共享、利他性和知识共享之间的中介效应,规范社区压力负向调节满意在公平敏感性和知识共享、互惠性和知识共享、利他性和知识共享之间的中介效应。研究结论对深入了解众包社区用户的心理特征和知识共享的实现机制具有重要的理论意义和现实意义。

(4)提出了促进众包社区知识共享的策略

以理论分析和实证分析所得出的结论为基础,从众包社区网络结构关系管理、激发众包社区用户社会偏好、建立贡献认可机制、构建良好的社区氛围等四个方面提出了众包社区知识共享的提升路径。具体来说,通过激发领先用户和结构洞用户积极性,同时关注一般用户积极性,并积极开展线上线下活动,从而为社区成员建立最优的关系网络;激发众包社区用户公平、互惠和利他偏好,增加其参与知识共享的积极性和主动性;建立对众包社区用户的物质价值、情感价值和社会价值的认可机制,为社区用户参与知识共享提供动力;合理制定社区规则,营造轻松自主的社区氛围,为社区用户参与知识共享提供良好的环境氛围。

7.2 研究局限与展望

7.2.1 研究局限

众包社区作为互联网和用户崛起时代企业获取外部大众创新知识的重要途径,具有非常广泛的应用前景和研究价值。由于众包社区知识共享的相关文献比较少，知识共享所涉及的主体较为复杂，因此本书以虚拟社区知识共享的相关研究成果为基础进行了探索性研究，在研究设计上尽可能地遵循科学规范的原则，取得了一定的研究成果，但是由于受到本人学术水平、研究能力及研究时间限制，研究还存在一定的局限性和不足，主要体现在以下几个方面：

（1）众包社区类型包括自建平台和第三方平台，本研究选取当前运用比较广泛的企业自建众包社区作为研究和调查对象，虽然这在一定程度上能够反映众包社区知识共享的规律，但由于覆盖范围上不够全面，并未对所有类型的众包社区知识共享进行研究，缺乏足够的代表性。因此，后续研究中应进一步拓展研究和调查对象的范畴，从而对众包社区知识共享规律有更加全面的认识。

（2）在对众包社区知识共享网络结构进行分析的过程中，由于时间和客观条件的限制，研究只采集了一个众包社区特定版块某个时间段的数据进行分析。虽然形成了比较理想的分析结果，得出了众包社区知识共享网络具有小世界和无标度网络结构的特征，但数据采集样本应该进一步扩大，从而使研究过程更加完善，研究结论更加有普遍意义。

（3）在对众包社区参与行为影响机制的研究中采用了问卷调查法，但由于受到时间和财力的限制，同时和众包社区用户的行为习惯相契合，保证调查问卷回收的效率，主要通过电子问卷调研获取数据，这就导致数据来源缺乏可靠性的交互验证。此外，由于在线调研过程很难对调查对象的环境进行控制，虽然通过一些方法对回收的无效调查问卷进行了剔除，但仍不可避免会对数据的有效性产生影响。

7.2.2 研究展望

（1）基于网络结构及动态演化的众包社区知识共享的研究仍有待深化。本研究采用演化博弈理论和模拟仿真的方法对不同网络拓扑结构的众包社区知识共享的动态演化进行研究，并对是否考虑社会偏好的知识共享动态演化进行了比较分析，作为一种探索性研究，有助于了解众包社区知识共享的网络结构演化规律。众包社区知识共享的网络结构以及动态演化是众包社区管理中的焦点问题，未来研究可以考虑采用真实数据对众包社区知识共享的因果变量进行研究，以便更加准确地把握众包社区知识共享的动态演化规律。

（2）对现有研究模型进行拓展。当前众包社区用户情感和心理体验因素对知识共享的影响作用研究还比较薄弱，而用户的情感和心理体验是动态发展的，对于行为有直接的影响，因此未来研究可以考虑是否有其他的中介变量，比如自我效能感、沉浸感等，使得公平敏感性、互惠性和利他性对众包社区知识共享产生间接影响，从而丰富众包社区知识共享实现机制的研究，为众包社区管理实践提供新的着力点。

（3）社区用户认知资本的发展与知识共享的关系是复杂动态的过程，仅仅从一个静态时间点测量后进行研究，很难真正把握其中的规律性，未来研究可以对用户的知识共享行为进行纵向比较，使研究结果更具说服力。

附 录 1

    第四章众包社区知识共享参与行为的演化机制中的仿真模拟是使用 Matlab 编程实现的。为了更好地显示结果并实现研究目的，进行了大量的编程工作。考虑到篇幅的限制，只收录考虑社会偏好的无标度集聚网络上众包社区知识共享演化的仿真程序。

```
close all
clear
clc
% 考虑社会偏好
C = [1,0];                              %    行为策略 C
D = [0,1];                              %    行为策略 D
m0 = 50;                                %    初始节点个数
t0 = 100;                               %    新添加节点数量
stepnum = 11;                           %    参数迭代次数
qw = 0.3;                               %    连接概率
lambda = linspace(0,1,stepnum);         %    偏好系数
p0 = 0.3;                               %    初始时刻，策略 C 以 p0 概率赋予个体
r = linspace(0,1,stepnum);              %    博弈参数

MaxTime = 100;                          %    总的博弈次数
Ctimes = fix(MaxTime/10);               %    计算均衡状态合作者密度用博弈次数的数量
Ntest = 5;                              %    相同参数下重复试验次数
HH = [1 0;0 0];                         %    互惠矩阵
testnum = 5;                            %    相同参数下的实验次数
c = zeros(stepnum,stepnum);             %    合作者均衡状态密度矩阵
for ii = 1:length(lambda)
    for jj = 1:length(r)
        tic
```

```
        A = [ 1 1-r( jj) ; 1+r( jj) 0 ] ;   %   雪堆博弈矩阵
        [ Net, Entity ] = InitNet1( m0) ;   %   初始网络生成
        m = m0;
        for t = 1 ; t0                       %   开始添加新节点
            Xsum = 0;
            for kk = 1 ; m
                Xsum = Xsum+Entity( kk) . Connumb;
                Entity( kk) . H = Xsum;
                Entity( kk) . L = Entity( kk) . H−Entity( kk) . Connumb;
            end
            Entity( m+1) . Connumb = 2;            %   新添加的节点连接数
            Xrand = fix( Xsum ∗ rand+1) ;          %   随机生成一个整数
                for ss = 1 ; m                     %   从原有节点选择一个节点
                if ( Entity( ss) . L<Xrand) && ( Entity( ss) . H > = Xrand)
                    Entity( ss) . Connumb = Entity( ss) . Connumb+1;
                    Entity( ss) . Con = [ Entity( ss) . Con ; m+1 ] ;
                    Entity( m+1) . Con = ss;
Xselnum = ss;
                    break
                end
            end
                if rand<qw
                Xneb = fix( ( Entity( Xselnum) . Connumb−1) ∗ rand+1) ;
Entity( Entity( Xselnum) . Con( Xneb) ) . Con = [ Entity( Entity( Xselnum) . Con( Xneb) ) . Con ; m+
1 ] ;
Entity( Entity( Xselnum) . Con( Xneb) ) . Connumb = Entity( Entity( Xselnum) . Con( Xneb) ) .
Connumb+1;
                Entity( m+1) . Con = [ Entity( m+1) . Con ;
Entity( Xselnum) . Con( Xneb) ] ;          %  新个体的列表上加入第二个选中节点
            else    %    否则以概率 1−q 连接
                Fselected = 0; % 是否找到第二个被选中的个体
                while Fselected = = 0
                    Xselnum1 = fix( Xsum ∗ rand+1) ;
```

```
                    for kk = 1:m
                          if
(Entity(kk).L<Xselnum1)&&(Entity(kk).H>=Xselnum1)
                                if Xselnum~=kk    % 排除第一个被选中的节点
Entity(kk).Connumb=Entity(kk).Connumb+1;          % 第二个被选中的个体数加 1
                                    Entity(kk).Con=[Entity(kk).Con;m+1];
                                    Entity(m+1).Con=[Entity(m+1).Con;kk];
                                    Fselected=1;
                                end
                          end
                    end
              end
         end
         m=m+1;
     end
     numbs=m;                         %    当前总体个体数量
     for ss=1:numbs              % 策略赋予
         if rand<p0
             Entity(ss).CD=C;
             Entity(ss).NextCD=C;
         else
             Entity(ss).CD=D;
             Entity(ss).NextCD=D;
         end
     end
     Dsum=zeros(MaxTime,1);           % 采取 D 策略的个体数
     DensityC=zeros(MaxTime,1);

     Income=zeros(numbs,1);
     for t=1:MaxTime
         Dsum(t)=0;
         for ss=1:numbs                 % 每一个个体博弈收益
             SumNeb=0;
```

```
        HHSum = 0;
        for kk = 1:Entity(ss).Connumb
            % 个体博弈收益计算完毕
SumNeb = SumNeb+Entity(ss).CD * A * Entity(Entity(ss).Con(kk)).CD';
HHSum = HHSum+Entity(ss).CD * HH * Entity(Entity(ss).Con(kk)).CD';
        end
        Income(ss) = SumNeb+lambda(ii) * HHSum;
    end
    for ss = 1:numbs                        % 策略更新
        id = ChooseOne(Income,ss);
        if id = = 0
            continue;
        else
            Pi = (Income(id)-Income(ss))./..........
                ((1+r(jj)) * max([Entity(id).Connumb
Entity(ss).Connumb]));
            if (Pi>0)&&(rand<=Pi)
                Entity(ss).NextCD = Entity(id).CD;  %   以概率决定是否下次
博弈中采取被选择的邻居节点
            end
            if  sum(abs(Entity(ss).CD-C)) = = 0
            else
                Dsum(t) = Dsum(t)+1;
            end
        end
    end
    CountD = Dsum(t);
    CountC = numbs-Dsum(t);
    if CountD = = 0
        CountD = 1;
    end
    if CountC = = 0
        CountC = 1;
```

```
                end
                        DensityC(t) = CountC/numbs;        % 采用策略 C 的密度
                for ss = 1:numbs
                    Entity(ss).CD = Entity(ss).NextCD;
                end
            end
        AverDensity = sum(DensityC(MaxTime−Ctimes+1:MaxTime))/Ctimes;
        c(ii,jj) = DensityC(end);
        toc
    end
end
[L,R] = meshgrid(lambda,r);
figure
surf(L,R,c)
xlabel('偏好系数 \lambda')
ylabel('博弈参数')
title('无标度基于社会偏好')
set(gca,'YTick',0:0.2:1);
figure
hold on
for ii = 1:length(lambda)
    plot(r,c(:,ii))
end
xlabel('博弈参数')
legend('\lambda=0','\lambda=0.1','\lambda=0.2','\lambda=0.3','\lambda=0.4','\lambda
=0.5','\lambda=0.6','\lambda=0.7','\lambda=0.8','\lambda=0.9','\lambda=1')
```

附 录 2

调查问卷

尊敬的朋友：

您好！感谢您在百忙之中抽空参与我们的调查！这是一份关于众包社区知识共享的调查问卷，烦请您协助回答下面的问题。本问卷采取不记名方式，也没有对错之分，调查结果仅用于学术研究，不涉及商业用途，我们保证将对您的回答严格保密。请根据自己的真实感受放心回答，衷心感谢您的合作与帮助！

第一部分：相关概念解释

1. 众包指借助互联网上未知大众的智慧来完成组织发布的特定任务，是一种分布式问题解决的新模式。

2. 众包社区是由众包发起者、众包平台和众包参与者组成的动态交互式虚拟系统。

第二部分：个人基本信息和背景信息

1. 请问您的性别是：

   A. 男　B. 女

2. 请问您的年龄在：

   A. 25 岁以下　B. 25~35 岁　　C. 35~45 岁　D. 45~55 岁　E. 55 岁及以上

3. 请问您的教育程度为：

   A. 高中(中专)及以下　B. 大专　C. 大学本科　D. 硕士　E. 博士

4. 请问您的工作年限为：

   A. 1 年及以下　B. 1~3 年　C. 3~6 年　D. 6~10 年　E. 10 年以上

5. 请问您成为众包社区成员的年限：

   A. 6 个月及以下　B. 6~12 个月　C. 1~2 年　D. 2~3 年　E. 3 年以上

6. 请问在过去六个月里，您在众包社区参与知识共享的时间间隔是：

A. 0~3 天　B. 一个星期左右　C. 半个月左右　D. 一个月左右　E. 一个月以上

第三部分：请根据实际情况进行选择，1 代表完全不同意，2 代表比较不同意，3 代表一般同意，4 代表比较同意，5 代表完全同意。

1. 对我来说，更重要的是在众包社区中分享知识。

2. 对我来说，更重要的是帮助众包社区中的其他成员。

3. 我更关心的是我为众包社区作了什么贡献。

4. 我参与知识共享是为了让众包社区更好发展。

5. 我的工作哲学是投入要比回报好。

6. 如果帮助他人有回报，我更乐意帮助众包社区的成员解决问题。

7. 我相信如果我有需要，众包社区的其他成员会帮助我。

8. 我认为众包社区的成员会互相帮助。

9. 我愿意通过在众包社区分享知识去帮助别人。

10. 能够通过众包社区分享知识帮助他人的感觉非常棒。

11. 我在众包社区分享的内容可能会帮助到其他人。

12. 与众包社区其他成员分享我的知识，我认为做了正确的事情。

13. 我很高兴拥有与众包社区其他成员分享知识的过程和体验。

14. 与众包社区其他成员分享知识的决定是明智的。

15. 我经常参与众包社区的知识共享活动。

16. 当参与众包社区的活动时，我经常向其他成员分享自己的知识。

17. 众包社区成员对复杂问题进行讨论时，我通常会参与之后的互动过程。

18. 我通过参与众包社区各种主题的讨论，而不仅仅局限于特定主题。

19. 我在众包社区的知识共享行为经常会受到其他社区成员期望的影响。

20. 为了被众包社区成员接受，我感觉自己不得不成为他们期待的样子。

21. 众包社区为活跃用户的贡献提供适当奖励。

22. 众包社区为在活动中表现积极的用户提供很高的社区声望。

23. 众包社区感激社区用户作出的贡献。

参 考 文 献

[1]Howe, J. The Rise of Crowdsourcing[J]. Wired Magazine, 2006, 14(6): 1-4.

[2]龙啸. 从外包到众包[J]. 商界(中国商业评论), 2007(4): 96-99.

[3]D. C. Brabham. Moving the Crowd at iStockphoto: The Composition of the Crowd and Motivations for Participation in a Crowdsourcing Application[J]. First Monday. 2008, 13(6).

[4]D. C. Brabham. Crowdsourcing as a Model for Problem Solving: An Introduction and Cases[J]. Convergence: The International Journal of Research into New Media Technologies, 2008, 14(1): 75-90.

[5]F. Kleeman, G. G Voss and K. Rieder, Un(der) paid Innovators: The Commercial Utilization of Consumer Work Through Crowdsourcing [J]. Science, Technology and Innovation Studies, 2008, 4(1): 5-26.

[6]Estellés-Arolas E, González-Ladrón-De-Guevara F. Towards an Integrated Crowdsourcing Definition[J]. Journal of Information Science, 2012, 38(2): 189-200.

[7]Saxton G D, Oh O, Kishore R. Rules of Crowdsourcing: Models, Issues, and Systems of Control[J]. Information Systems Management, 2013, 30(1): 2-20.

[8]刘锋. 威客理论创建者刘锋在首届全球威客大会上的发言[J]. 新闻研究导刊, 2011(3): 14-16.

[9]夏恩君, 赵轩维, 李森. 国外众包研究现状和趋势[J]. 技术经济, 2015, 34(1): 28-36.

[10]邓娜. 探析新型商业模式众包对平面设计的启发[J]. 现代装饰(理论), 2016(3).

[11]林素芬, 林峰. 众包定义、模式研究发展及展望[J]. 科技管理研究, 2015, 35(4): 212-217.

[12]戴晶晶. 网络众包的过程模型和平台(模式)构建研究: 商业模式成型视角[D]. 南京: 东南大学, 2017.

[13]Lilien G L, Morrison P D, Searls K, et al. Performance Assessment of the Lead User Idea-Generation Process for New Product Development[J]. Management Science, 2002, 48(8): 1042-1059.

［14］Hutter K, Hautz J, Johann Füller, et al. Communitition：The Tension between Competition and Collaboration in Community-Based Design Contests［J］. Creativity & Innovation Management, 2011, 20(1)：3-21.

［15］Papsdorf C. Wie Surfen Zu Arbeit Wird［M］. Frankfurt：Campus Verlag, 2009.

［16］李忆, 姜丹丹, 王付雪. 众包式知识交易模式与运行机制匹配研究［J］. 科技进步与对策, 2013, 30(13)：127-130.

［17］Johann Füller, Hutter K, Faullant R. Why Co-creation Experience Matters? Creative Experience and Its Impact on the Quantity and Quality of Creative Contributions［J］. R & D Management, 2011, 41(3)：259-273.

［18］Poetz M K, Schreier M. The Value of Crowdsourcing：Can Users Really Compete with Professionals in Generating New Product Ideas? ［J］. Journal of Product Innovation Management, 2012, 29(2)：245-256.

［19］Barry, L, Bayus. Crowdsourcing New Product Ideas Over Time：An Analysis of the Dell Idea Storm Community［J］. Operations Research, 2014.

［20］王丹妮. 企业业务外包：威客模式诚信问题研究［D］. 长沙：中南林业科技大学, 2012.

［21］Jeppesen L B, Frederiksen L. Why Do Users Contribute to Firm-hosted User Communities? The Case of Computer-controlled Music Instruments［J］. Organization Science, 2006, 17(1)：45-63.

［22］Jeff Howe. 众包：大众力量缘何推动商业未来［M］. 北京：中信出版社, 2009.

［23］仲秋雁, 王彦杰, 裴江南. 众包社区用户持续参与行为实证研究［J］. 大连理工大学学报(社会科学版), 2011, 32(1)：1-6.

［24］叶伟巍, 朱凌. 面向创新的网络众包模式特征及实现路径研究［J］. 科学学研究, 2012, 30(1)：145-151.

［25］Lakhani K R, Panetta J A. The Principles of Distributed Innovation［J］. Innovations：Technology, Governance, Globalization, 2007, 2(3)：97-112.

［26］Organisciak P. Why Bother? Examining the Motivations of Users in Large-Scale Crowd-Powered Online Initiatives［D］. The School of Library and Information Studies. University of Alberta, Canada, 2010.

［27］Hossain M. Users' Motivation to Participate in Online Crowdsourcing Platforms［C］//2012 International Conference on Innovation Management and Technology Research. IEEE, 2012：310-315.

［28］Liu T X, Yang J, Adamic L A, et al. Crowdsourcing with All-pay Auctions：A Field

Experiment on Taskcn[J]. Management Science, 2014, 60(8): 2020-2037.

[29] Antikainen M, Mäkipää M, Ahonen M. Motivating and Supporting Collaboration in Open Innovation[J]. European Journal of Innovation Management, 2010, 13(1): 100-119.

[30] Xie H, Lui J C S. Modeling Crowdsourcing Systems: Design and Analysis of Incentive Mechanism and Rating System[J]. Acm Sigmetrics Performance Evaluation Review, 2014, 42(2): 52-54.

[31] 吴金红, 陈强, 鞠秀芳. 用户参与大数据众包活动的意愿和影响因素探究[J]. 情报资料工作, 2014(3): 75-80.

[32] 夏恩君, 王文涛. 企业开放式创新众包模式下的社会大众参与动机[J]. 技术经济, 2016(1): 22-29.

[33] 韩清池. 面向创新的众包参与意愿影响机理研究: 以计划行为理论为分析框架[J]. 软科学, 2018, 32(3): 51-54, 76.

[34] 冯玉含. 众包物流配送的参与意愿和行为的实证研究[D]. 长春: 吉林大学, 2017.

[35] 费友丽. 众包竞赛中解答者创新绩效影响因素研究[D]. 镇江: 江苏科技大学, 2016.

[36] Leimeister J, Huber M, Bretschneider U, et al. Leveraging Crowdsourcing: Activation-supporting Components for IT-based Ideas Competition [J]. Journal of Management Information Systems, 2009, 26: 197-224.

[37] 郭捷, 王嘉伟. 基于 UTAUT 视角的众包物流大众参与行为影响因素研究[J]. 运筹与管理, 2017, 26(11): 1-6.

[38] 张铁山, 肖皓文. 众包中接包方参与影响因素研究综述[J]. 北方工业大学学报, 2017, 29(4): 126-133.

[39] 宁连举, 张玉红. 虚拟社区感对用户忠诚度影响的实证研究[J]. 技术经济, 2014, 33(11): 7-15, 35.

[40] Djelassi S, Decoopman I. Customers' Participation in Product Development Through Crowdsourcing: Issues and Implications[J]. Industrial Marketing Management, 2013, 42 (5): 683-692.

[41] Zheng H, Xie Z, Hou W, et al. Antecedents of Solution Quality in Crowdsourcing: The Sponsor's Perspective [J]. Journal of Electronic Commerce Research, 2014, 15 (3): 212-219.

[42] Boons M, Stam D, Barkema H G. Feelings of Pride and Respect as Drivers of Ongoing Member Activity on Crowdsourcing Platforms[J]. Journal of Management Studies, 2015, 52 (6): 717-741.

[43] 樊婷. 基于众包视角的社区用户忠诚度影响因素研究[D]. 天津: 河北工业大

学，2012.

［44］Gilbert M, Cordey-Hayes M. Understanding the Process of Knowledge Transfer to Achieve Successful Technological Innovation［J］. Technovation, 1996, 16(6)：301-312.

［45］Senge P. Sharing Knowledge：the Leader's Role Is Key to a Learning Culture［J］. Executive Excellence, 1997, 14：17.

［46］Davenport T H, Prusak L. Working Knowledge：How Organizations Manage What They Know［M］. Brighton：Harvard Business Press, 1998.

［47］林东清. 知识管理理论与实务［M］. 北京：电子工业出版社，2005.

［48］Verkasolo M, Lappalainen P. A Method of Measuring the Efficiency of the Knowledge Utilization Process［J］. Engineering Management, IEEE Transactions on, 1998, 45(4)：414-423.

［49］Hendriks P. Why Share Knowledge? The Influence of ICT on the Motivation for Knowledge Sharing［J］. Knowledge and Process Management, 1999, 6(2)：91-100.

［50］Tan M. Establishing Mutual Understanding in Systems Design：An Empirical Study［J］. Journal of Management Information Systems, 1994：159-182.

［51］Ipe M. Knowledge Sharing in Organizations：A Conceptual Framework［J］. Human Resource Development Review, 2003, 2(4)：337-359.

［52］Swaan W. Knowledge, Transaction Costs and the Creation of Markets in Post-socialist Economies［J］. Transition to the Market Economy, 1997, 2：53-76.

［53］王东. 虚拟学术社区知识共享实现机制研究［D］. 长春：吉林大学，2010.

［54］应力，钱省三. 企业内部知识市场的知识交易方式与机制研究［J］. 上海理工大学学报，2001, 2：167-170, 175.

［55］Wijnhoven F. Knowledge Logistics in Business Contexts：Analyzing and Diagnosing Knowledge Sharing by Logistics Concepts［J］. Knowledge and Process Management, 1998, 5(3)：143-157.

［56］Lee J N. The Impact of Knowledge Sharing, Organizational Capability and Partnership Quality on IS Outsourcing Success［J］. Information & Management, 2001, 38(5)：323-335.

［57］鲁若愚，陈力. 企业知识管理中的分享与整合［J］. 研究与发展管理，2003(1)：16-20.

［58］Nonaka I, Takeuchi H. The Knowledge-creating Company：How Japanese Companies Create the Dynamics of Innovation［M］. Oxford：Oxford University Press, 1995.

［59］Nonaka I, Umemoto K, Senoo D. From Information Processing to Knowledge Creation：A Paradigm Shift in Business Management［J］. Technology in society, 1996, 18(2)：

203-218.

[60]Bart V D H, De Ridder J A. Knowledge Sharing in Context: The Influence of Organizational Commitment, Communication Climate and CMC Use on Knowledge Sharing[J]. Journal of Knowledge Management, 2004, 8(6): 117-130.

[61]杜海云. 图书馆如何实现知识共享[J]. 科技情报开发与经济, 2005(24): 52-54.

[62]张蒙. 食品安全虚拟社区知识共享影响因素与作用机理研究[D]. 长春: 吉林大学, 2016.

[63] Zhuge H. A Knowledge Flow Model for Peer-to-peer Team Knowledge Sharing and Management[J]. Expert Systems With Applications, 2002, 23(1): 23-30.

[64]李涛, 李敏. 基于知识分类的知识创新路径分析[J]. 科技管理研究, 2010, 30(22): 182-185.

[65] Nahapiet J, Ghoshal S. Social Capital, Intellectual Capital, and the Organizational Advantage [J]. Academy of Management Review, 1998, 23(2): 242-266.

[66]Wasko M M L, Faraj S. Why Should I Share? Examining Social Capital and Knowledge Contribution in Electronic Networks of Practice [J]. MIS Quarterly, 2005, 29(1): 35-57.

[67]Blau P M. Exchange and Power in Social Life [M]. New York: John Wiley, 1964: 46.

[68] Kankanhalli A, Tan B C Y, Wei K K. Contributing Knowledge to Electronic Knowledge Repositories: An Empirical Investigation [J]. MIS Quarterly, 2005, 29(1): 113-143.

[69]Yan Z, Wang T, Chen Y, et al. Knowledge Sharing in Online Health Communities: A Social Exchange Theory Perspective[J]. Information & Management, 2016, 53(5): 643-653.

[70]雷静. 基于社会网络的虚拟社区知识共享研究[D]. 上海: 东华大学, 2012.

[71]Jiang, Guoyin, et al. Evolution of Knowledge Sharing Behavior in Social Commerce: An Agent-based Computational Approach[J]. Information Sciences, 2014, 278: 250-266.

[72]祁凯, 张子墨. 基于社会网络分析的虚拟学术社区知识共享研究[J]. 知识管理论坛, 2018, 3(6): 335-344.

[73]宋学峰, 赵蔚, 高琳, 等. 社交问答网站知识共享的内容及社会网络分析[J]. 现代教育技术, 2014, 24(6): 70-77.

[74]张蕾. 基于信任水平下的虚拟社区用户知识共享行为演化博弈分析[J]. 现代情报, 2014, 34(5): 161-165.

[75]卢新元, 代巧锋, 王雪霖, 等. 考虑医患两类用户的在线健康社区知识共享演化博弈分析[J]. 情报科学, 2020, 38(1): 53-61.

[76]Bandura A. Social Foundations of Thought and action: A Social Cognitive Theory[M]. NJ: Prentice-Hall, Englewood Cliffs, 1986.

[77] Lee M K O, Cheung C M K, Lim K H, et al. Understanding Customer Knowledge Sharing in Web Based Discussion Boards[J]. Internet Research, 2006, 16(3): 289-303.

[78] Hsu M H, Ju T L, Yen C H, et al. Knowledge Sharing Behavior in Virtual Communities: The Relationship Between Trust, Self-efficacy, and Outcome Expectations[J]. International Journal of Human-Computer Studies, 2007, 65(2): 153-169.

[79] Zhou J, Zuo M, Yu Y, et al. How Fundamental and Supplemental Interactions Affect Users' Knowledge Sharing in Virtual Communities? A Social Cognitive Perspective[J]. Internet Research, 2014, 24(5): 566-586.

[80] Ajzen, Icek. The Theory of Planned Behavior[J]. Organizational Behavior & Human Decision Processes, 1991, 50(2): 179-211.

[81] Cho, Hichang, Chen, MeiHui, Chung, Siyoung. Testing an Integrative Theoretical Model of Knowledge Sharing Behavior in the Context of Wikipedia[J]. Journal of the American Society for Information Science and Technology, 2010, 61(6): 1198-1212.

[82] HO, Shun-Chuan, et al. Knowledge-sharing Intention in a Virtual Community: A Study of Participants in the Chinese Wikipedia[J]. Cyberpsychology, Behavior, and Social Networking, 2011, 14(9): 541-545.

[83] 熊澄, 夏火松. 组织承诺对微博社区成员知识共享行为的影响研究[J]. 情报杂志, 2014, 33(1): 128-134.

[84] Usoro A, Sharratt M W, Tsui E, et al. Trust as an Antecedent to Knowledge Sharing in Virtual Communities of Practice[J]. Knowledge Management Research and Practice, 2007, 5(3): 199-212.

[85] 陈明红. 学术虚拟社区用户持续知识共享的意愿研究[J]. 情报资料工作, 2015(1): 41-47.

[86] Davis F D, Bagozzi R P, Warshaw P R. User Acceptance of Computer Technology: A Comparison of Two Theoretical Models[J]. Management Science, 1989, 35(8): 982-1003.

[87] 赵宇翔. 社会化媒体中用户生成内容的动因与激励设计研究[D]. 南京: 南京大学, 2011.

[88] Hung S W, Cheng M J. Are You Ready for Knowledge Sharing? An Empirical Study of Virtual Communities[J]. Computers & Education, 2013, 56(62): 8-17.

[89] Pi S M, Chou C H, Liao H L. A Study of Facebook Groups Members' Knowledge Sharing[J]. Computers in Human Behavior, 2013, 29(5): 1971-1979.

[90] 张敏, 唐国庆, 张艳. 基于 S-O-R 范式的虚拟社区用户知识共享行为影响因素分析[J]. 情报科学, 2017, 35(11): 149-155.

[91]彭昱欣，邓朝华，吴江. 基于社会资本与动机理论的在线健康社区医学专业用户知识共享行为分析[J]. 数据分析与知识发现，2019，3(4)：63-70.

[92]胡凡刚，鹿秀娥. 教育虚拟社区知识共享影响因素实证分析[J]. 电化教育研究，2009(12)：20-25.

[93] Kosonen M. Knowledge Sharing in Virtual Communities：A Review of the Empirical Research[J]. International Journal of Web Based Communities，2009，5(2)：144-163.

[94]代宝，刘业政. 虚拟社区知识共享的实证研究综述[J]. 情报杂志，2014，33(10)：201-207.

[95]万晨曦，郭东强. 虚拟社区知识共享研究综述[J]. 情报科学，2016，34(8)：165-170.

[96]刘臻晖. 教育虚拟社区知识共享机制研究[D]. 南昌：江西财经大学，2016.

[97]蔡小筱，张敏，郑伟伟. 虚拟学术社区知识共享影响因素研究综述[J]. 图书馆，2016(6)：44-49.

[98]石艳霞. SNS 虚拟社区知识共享及其影响因素研究[D]. 太原：山西大学，2010.

[99]姜洪涛，邵家兵，许博. 基于 OCB 视角的虚拟社区知识共享影响因素研究[J]. 情报杂志，2008(12)：152-154.

[100] Lee E J, Jang J W. Profiling Good Samaritans in Online Knowledge Forums：Effects of Affiliative Tendency, Self-esteem, and Public Individuation on Knowledge Sharing[J]. Computers in Human Behavior，2010，26(6)：1336-1344.

[101]Ma W W K, Yuen A H K. Understanding Online Knowledge Sharing：An Interpersonal Relationship Perspective[J]. Computers and Education，2011，56(1)：210-219.

[102]刘蕤，田鹏，王伟军. 中国文化情境下的虚拟社区知识共享影响因素实证研究[J]. 情报科学，2012，30(6)：866-872.

[103] Zhang X, Liu S, Deng Z, et al. Knowledge Sharing Motivations in Online Health Communities：A Comparative Study of Health Professionals and Normal Users [J]. Computers in Human Behavior，2017，75：797-810.

[104]Chiu C, Hsu M H, Wang E T G. Understanding Knowledge Sharing in Virtual Communities：An Integration of Social Capital and Social Cognitive Theories[J]. Decision Support Systems，2006，42 (3)：1872-1888.

[105]温馨，杨萌柯，王雷. 基于 DANP 方法的虚拟社区知识共享关键影响因素识别研究[J]. 现代情报，2018，38(12)：57-64. 69.

[106] Tseng F C, Kuo F Y. A Study of Social Participation and Knowledge Sharing in the Teachers' Online Professional Community of Practice[J]. Computers & Education，2014，

72：37-47.

[107]张鼐，周年喜. 虚拟社区知识共享行为影响因素的实证研究[J]. 图书馆学研究，2010(11)：44-48.

[108]尚永辉，艾时钟，王凤艳. 基于社会认知理论的虚拟社区成员知识共享行为实证研究[J]. 科技进步与对策，2012，29(7)：127-132.

[109]Christy M. K. Cheung, Matthew K. O. Lee. What Drives Members to Continue Sharing Knowledge in a Virtual Professional Community? The Role of Knowledge Self-efficacy and Satisfaction[C]// Knowledge Science, Engineering and Management, Second International Conference, KSEM 2007, Melbourne, Australia, November 28-30, 2007, Proceedings. DBLP, 2007.

[110]Yu T K, Lu L C, Liu T F. Exploring Factors that Influence Knowledge Sharing Behavior Via Weblogs [J]. Computers in Human Behavior, 2010 (26)：32-41.

[111]包凤耐，曹小龙. 基于社会资本视角的虚拟社区知识共享研究[J]. 统计与决策，2014(19)：53-56.

[112]Hung S Y, Lai H M, Chou Y C. Knowledge Sharing Intention in Professional Virtual Communities：A Comparison Between Posters and Lurkers[J]. Journal of the Association for Information Science and Technology, 2015, 66(12)：2494-2510.

[113]Assegaff S, Kurniabudi E F. Impact of Extrinsic and Intrinsic Motivation on Knowledge Sharing in Virtual Communities of Practices [J]. Indonesian Journal of Electrical Engineering and Computer Science, 2016, 1(3)：619-626.

[114]李志宏，李敏霞，何济乐. 虚拟社区成员知识共享意愿影响因素的实证研究[J]. 图书情报工作，2009，53(12)：53-56.

[115]赵越岷，李梦俊，陈华平. 虚拟社区中消费者信息共享行为影响因素的实证研究[J]. 管理学报，2010，7(10)：1490-1494，1501.

[116]Chang H H, Chuang S S. Social Capital and Individual Motivations on Knowledge Sharing：Participant Involvement as a Moderator[J]. Information & Management, 2011, 48(1)：9-18.

[117]Fang Y H, Chiu C M. In Justice We Trust：Exploring Knowledge Sharing Continuance Intentions in Virtual Communities of Practice[J]. Computers in Human Behavior, 2010 (26)：235-246.

[118]张星，吴忧，夏火松，等. 基于 S-O-R 模型的在线健康社区知识共享行为影响因素研究[J]. 现代情报，2018，38(8)：18-26.

[119]Chen H L, Fan H L, Tsai C C. The Role of Community Trust and Altruism in Knowledge

Sharing：An Investigation of a Virtual Community of Teacher Professionals[J]. Journal of Educational Technology & Society, 2014, 17(3)：168-179.

[120]杨艳. 基于成就需求理论的虚拟社区知识分享行为研究[J]. 商业时代, 2008(36)：80-81.

[121]刘丽群, 宋咏梅. 虚拟社区中知识交流的行为动机及影响因素研究[J]. 新闻与传播研究, 2008, 14(1)：43-51.

[122]Wang Y, Fesenmaier D R. Towards Understanding Members' General Participation in and Active Contribution to an Online Travel Community[J]. Tourism Management, 2004, 25(6)：709-722.

[123]Lin M J J, Hung S W, Chen C J. Fostering the Determinants of Knowledge Sharing in Professional Virtual Communities[J]. Computers in Human Behavior, 2009, 25(4)：929-939.

[124]杨陈, 唐明凤, 花冰倩. 关系型虚拟社区知识共享行为的影响机制：自我建构视角[J]. 图书馆论坛, 2017, 37(4)：68-76.

[125]Tamjidyamcholo A, Baba M S B, Shuib N L M, l. Evaluation Model for Knowledge Sharing in Information Security Professional Virtual Community[J]. Computers & Security, 2014, 43：19-34.

[126]孙康, 杜荣. 实名制虚拟社区知识共享影响因素的实证研究[J]. 情报杂志, 2010(4)：83-87.

[127]王楠, 陈详详, 陈劲. 虚拟社区奖励对知识共享的作用效果研究[J]. 科学学研究, 2019, 37(6)：1071-1078, 1132.

[128]Choi K, Ahn H. Knowledge Sharing Model in Virtual Communities Considering Personal and Social Factors[J]. The Journal of Information Systems, 2019, 28(1)：41-72.

[129]Yang H L, Lai C Y. Motivations of Wikipedia Content Contributors[J]. Computers in Human Behavior, 2010, 26(6)：1377-1383.

[130]徐美凤, 叶继元. 学术虚拟社区知识共享行为影响因素研究[J]. 情报理论与实践, 2011, 34(11)：72-77.

[131]胡昌平, 万莉. 虚拟知识社区用户关系及其对知识共享行为的影响[J]. 情报理论与实践, 2015, 38(6)：71-76.

[132]张敏, 唐国庆, 张艳. 基于S-O-R范式的虚拟社区用户知识共享行为影响因素分析[J]. 情报科学, 2017, 35(11)：149-155.

[133]吴士健, 刘国欣, 权英. 基于UTAUT模型的学术虚拟社区知识共享行为研究：感知知识优势的调节作用[J]. 现代情报, 2019, 39(6)：48-58.

[134] 王飞绒，柴晋颖，龚建立. 虚拟社区知识共享影响因素的实证研究[J]. 浙江工业大学学报(社会科学版)，2008，7(3)：283-289.

[135] Chen I Y L, Chen N S. Examining the Factors Influencing Participants' Knowledge Sharing Behavior in Virtual Learning Communities[J]. Journal of Educational Technology and Society, 2009, 12(1): 134-148.

[136] Tsai H T, Pai P. Explaining Members' Proactive Participation in Virtual Communities[J]. International Journal of Human Computer Studies, 2013, 71(4): 475-491.

[137] Yoo K H, Gretzel U. Influence of Personality on Travel-related Consumer-generated Media Creation[J]. Computers in Human Behavior, 2011, 27(2): 609-621.

[138] Yuan D, Lin Z, Zhuo R. What Drives Consumer Knowledge Sharing in Online Travel Communities? Personal Attributes or E-service Factors?[J]. Computers in Human Behavior, 2016, 63: 68-74.

[139] 王楠，张士凯，赵雨柔，等. 在线社区中领先用户特征对知识共享水平的影响研究：社会资本的中介作用[J]. 管理评论，2019，31(2)：82-93.

[140] 王贵，李兴保. 虚拟社区知识共享影响因素调研与分析[J]. 中国电化教育，2010(4)：56-61.

[141] Yilmaz R. Knowledge Sharing Behaviors in E-learning Community: Exploring the Role of Academic Self-efficacy and Sense of Community[J]. Computers in Human Behavior, 2016, 63: 373-382.

[142] Chen C J, Hung S W. To Give or to Receive? Factors Influencing Members' Knowledge Sharing and Community Promotion in Professional Virtual Communities[J]. Information and Management, 2010, 47(4): 226-236.

[143] 成全. 基于社会资本理论的网络社区知识共享影响因素研究[J]. 图书馆论坛，2012，32(3)：1-6.

[144] 田雯. 通过激活社会资本在虚拟社区中实现知识共享：来自中国在线社交网络的发现[D]. 合肥：中国科技大学，2011.

[145] Zhang Y, Fang Y, Wei K K, et al. Exploring the Role of Psychological Safety in Promoting the Intention to Continue Sharing Knowledge in Virtual Communities[J]. International Journal of Information Management, 2010, 30(5): 425-436.

[146] Chiu C M, Hsu M H, Wang E T G. Understanding Knowledge Sharing in Virtual Communities: An Integration of Expectancy Disconfirmation and Justice Theories[J]. Online Information Review, 2011, 35(1): 134-153.

[147] Wang W T, Hung H H. A Symbolic Convergence Perspective for Examining Employee

Knowledge Sharing Behaviors in Company-hosted Virtual Communities［J］. Information Resources Management Journal（IRMJ），2019，32(2)：1-27.

［148］Yoo W S, Suh K S, Lee M B. Exploring the Factors Enhancing Member Participation in Virtual Communities［J］. Journal of Global Information Management（JGIM），2002，10(3)：55-71.

［149］Sharratt M, Usoro A. Understanding Knowledge-sharing in Online Communities of Practice［J］. Electronic Journal on Knowledge Management，2003，1(2)：187-196.

［150］常亚平，董学兵. 虚拟社区消费信息内容特性对信息分享行为的影响研究［J］. 情报杂志，2014，33(1)：201-208.

［151］许筠芸，陆贤彬. 移动社会化媒体技术接受与匹配影响因素研究：以移动微博客户端发布行为为例［J］. 经济与管理，2013，27(2)：84-88.

［152］李颖，肖珊. 知识问答社区用户心流体验对持续知识共享意愿的影响研究：以 PAT 模型为视角［J］. 现代情报，2019，39(2)：111-120.

［153］严贝妮，叶宗勇. 环境因素对虚拟社区用户知识共享行为的作用机制研究［J］. 情报理论与实践，2017，40(10)：74-79.

［154］Ridings C M, Gefen D, Arinze B. Some Antecedents and Effects of Trust in Virtual Communities［J］. Journal of Strategic Information Systems，2002，11(3)：271-295.

［155］Phang C W, Kankanhalli A, Sabherwal R. Usability and Sociability in Online Communities：A Comparative Study of Knowledge Seeking and Contribution［J］. Journal of the Association ofInformation Systems，2009，10(10)：721-747.

［156］周涛，鲁耀斌. 基于社会资本理论的移动社区用户参与行为研究［J］. 管理科学，2008，21(3)：43-49.

［157］许林玉，杨建林. 基于社会化媒体数据的学术社区知识共享行为影响因素研究：以经管之家平台为例［J］. 现代情报，2019，39(7)：56-65.

［158］陈明红，漆贤军. 社会资本视角下的学术虚拟社区知识共享研究［J］. 情报理论与实践，2014，37(9)：101-105.

［159］Shenglei Pi, Weining Cai. Individual Knowledge Sharing Behavior in Dynamic Virtual Communities：The Perspectives of Network Effects and Status Competition［J］. Frontiers of Business Research in China，2018，11(4).

［160］Zhao L, Lu Y B, Wang B, et al. Cultivating the Sense of Belonging and Motivating User Participation in Virtual Communities：A social Capital Perspective［J］. International Journal of Information Management，2012，32(6)：574-588.

［161］徐小龙，王方华. 虚拟社区的知识共享机制研究［J］. 自然辩证法研究，2007(8)：

83-86.

[162]Chai S, Kim M. What Makes Bloggers Share Knowledge: An Investigation on the Role of Trust[J]. International Journal of Information Management, 2010, 30 (5): 408-415.

[163]周军杰, 左美云. 虚拟社区知识共享的动因分析: 基于嵌入性理论的分析模型[J]. 情报理论与实践, 2011(9): 23-27.

[164]徐美凤. 基于 CAS 的学术虚拟社区知识共享研究[D]. 南京: 南京大学, 2011.

[165]Wang W T, Wei Z H. Knowledge Sharing in wiki Communities: An Empirical Study[J]. Online Information Review, 2011, 35(5): 799-820.

[166]邓灵斌. 虚拟学术社区中科研人员知识共享意愿的影响因素实证研究: 基于信任的视角[J]. 图书馆杂志, 2019, 38(9): 63-69, 108.

[167]周涛, 鲁耀斌. 基于社会影响理论的虚拟社区用户知识共享行为研究[J]. 研究与发展管理, 2009, 21(4): 78-83.

[168]Liao T H. Developing an Antecedent Model of Knowledge Sharing Intention in Virtual Communities[J]. Universal Access in the Information Society, 2017, 16(1): 215-224.

[169]徐长江, 于丽莹. 虚拟社区公民行为在虚拟社区感与知识共享意图间的中介作用: 自我效能感的调节机制[J]. 心理科学, 2015, 38(4): 923-927.

[170]Hau Y S, Kim Y G. Why Would Online Gamers Share Their Innovation-conducive Knowledge in the Online Game User Community? Integrating Individual Motivations and Social Capital Perspectives[J]. Computers in Human Behavior, 2011, 27(2): 956-970.

[171]Hau, Yong Sauk, Kang, Minhyung. Extending Lead User Theory to users' Innovation-related Knowledge Sharing in the Online User Community: The Mediating Roles of Social Capital and Perceived Behavioral Control [J]. International Journal of Information Management, 2016, 36(4): 520-530.

[172]张蒙, 刘国亮, 毕达天. 多视角下的虚拟社区知识共享研究综述[J]. 情报杂志, 2017, 36(5): 175-180.

[173]Yang J, Adamic L A, Ackerman M S. Crowdsourcing and Knowledge Sharing: Strategic User Behavior on Taskcn[C]// Proceedings 9th ACM Conference on Electronic Commerce (EC-2008), Chicago, IL, USA, June 8-12, 2008. ACM, 2008.

[174]Kosonen, Miia, et al. User Motivationcand Knowledge Sharing in Idea Crowdsourcing[J]. International Journal of Innovation Management, 2014, 18(5).

[175]Martinez, Marian Garcia. Solver Engagement in Knowledge Sharing in Crowdsourcing Communities: Exploring the Link to Creativity [J]. Research Policy, 2015, 44 (8): 1419-1430.

［176］Heo, Misook, Toomey, Natalie. Motivating Continued Knowledge Sharing in Crowdsour-cing［J］. Online Information Review, 2015, 39(6).

［177］Kosonen M, Gan C, Olander H, et al. My Idea is Our Idea! Supporting User-driven Innovation Activities in Crowdsourcing Communities［J］. International Journal of Innovation Management, 2013, 17(3).

［178］郝琳娜, 侯文华, 郑海超. 基于众包竞赛的虚拟社区内知识共享行为［J］. 系统工程, 2016, 34(6): 65-71.

［179］姜鑫. 关系嵌入视角下众包社区用户的知识共享机制研究［D］. 锦州: 渤海大学, 2017.

［180］洪武军. 虚拟社区感对众包社区用户知识共享的影响研究［D］. 南昌: 江西师范大学, 2019.

［181］卢新元, 王雪霖, 代巧锋. 基于 fsQCA 的竞赛式众包社区知识共享行为构型研究［J］. 数据分析与知识发现, 2019, 3(11): 60-69.

［182］朱宾欣, 马志强, Leon Williams, 等. 考虑解答者公平关切的众包竞赛知识共享激励［J］. 系统管理学报, 2020, 29(1): 73-82.

［183］Thaler R. Toward a Positive Theory of Consumer Choice［J］. Journal of Economic Behavior & Organization, 1980, 1(1): 39-60.

［184］Tversky A, Kahneman D. The Framing of Decisions and the Psychology of Choice［J］. Science, 1981, 211(4481): 453-458.

［185］Rabin M. Psychology and Economics［J］. Journal of Economic Literature, 1998, 36(1): 11-46.

［186］Poundstone W. Priceless［M］. One World Publications, 2011.

［187］贺京同, 那艺. 传承而非颠覆: 从古典、新古典到行为经济学［J］. 南开学报(哲学社会科学版), 2007(2): 122-130.

［188］董志强, 洪夏璇. 行为劳动经济学: 行为经济学对劳动经济学的贡献［J］. 经济评论, 2010(5): 132-138.

［189］熊金武, 缪德刚. 行为经济学的方法论价值: 基于行为金融学前沿理论的分析［J］. 经济问题探索, 2015(4): 167-173.

［190］陈叶烽, 叶航, 汪丁丁. 超越经济人的社会偏好理论: 一个基于实验经济学的综述［J］. 南开经济研究, 2011(5): 63-100.

［191］Rabin M. Incorporating Fairness into Game Theory and Economics［J］. The American Economic Review, 1993, 83(5): 1281-1302.

［192］Camerer C F. Progress in Behavioral Game Theory［J］. The Journal of Economic

Perspectives, 1997, 11(4): 167-188.

[193] Fehr E, Schmidt K M. A Theory of Fairness, Competition, and Cooperation[J]. Quarterly Journal of Economics, 1999, 114: 817-868.

[194] Bolton G E, Ockenfels A. ERC: A Theory of Equity, Reciprocity, and Competition[J]. American Economic Review, 2000, 90(1): 166-193.

[195] 杨志强, 石本仁, 石水平. 社会偏好、报酬心理契合度与组织承诺[J]. 软科学, 2017, 31(6): 70-75.

[196] 龚天平. 社会偏好的伦理学分析与批判[J]. 北京大学学报(哲学社会科学版), 2018, 55(3): 5-13.

[197] 周业安等. 社会偏好理论与社会合作机制研究[M]. 北京: 中国人民大学出版社, 2017.

[198] Dufwenberg M, Kirchsteiger G. A Theory of Sequential Reciprocity[J]. Games and Economic Behavior, 2004, 47(2).

[199] 唐俊. 社会偏好下的互惠行为博弈扩展模型分析[J]. 广东商学院学报, 2011, 26 (3): 12-16.

[200] Andreoni J, Miller J H. Giving According to GARP: An Experimental Test of the Consistency of Preferences for Altruism[J]. Econometrica, 2002, 70(2): 737-753.

[201] Charness G, Rabin M. Understanding Social Preferences with Simple Tests[J]. The Quarterly Journal of Economics, 2002, 117(3): 817-869.

[202] 章平, 黄傲霜. 引入异质性社会偏好的利他行为决策及激励机制比较[J]. 复杂系统与复杂性科学, 2018, 15(3): 19-26.

[203] 薛娟, 丁长青, 卢杨. 复杂网络视角的网络众包社区知识传播研究: 基于 Dell 公司 Ideastorm 众包社区的实证研究[J]. 情报科学, 2016, 34(8): 25-28, 61.

[204] 李颖, 王亚民. 基于信任机制的复杂网络知识共享模型研究[J]. 情报理论与实践, 2014, 37(8): 79-83.

[205] 姜鑫. 基于"结构洞"视角的组织社会网络内隐性知识共享研究[J]. 情报资料工作, 2012(1): 32-36.

[206] 张坤, 姜景, 李晶, 等. 基于小世界与结构洞理论的政务微博信息传播效率及案例分析[J]. 图书馆, 2018(8): 91-96.

[207] 盛集明, 李学银. N 维超立方体网络的网络特性[J]. 荆楚理工学院学报, 2013, 28 (2): 46-48.

[208] Watts D J, Strogatz S H. Collective Dynamic of Small World Network[J]. Nature, 1998, 393: 440-442.

[209] Burt, R. S., Structural Holes: The Social Structure of Competition[M]. Cambridge, MA: Harvard University Press, 1992.

[210] 韩忠明, 吴杨, 谭旭升, 等. 社会网络结构洞节点度量指标比较与分析[J]. 山东大学学报(工学版), 2015, 45(1): 1-8.

[211] Nash J. F. Equilibrium Points in N-person Games[J]. Proceedings of the National Academy of Sciences of the United States of America, 1950, 36: 48-49.

[212] Nowak M A, May R M. Evolutionary Games and Spatial Chaos[J]. Nature, 1992, 359 (6398): 826-829.

[213] Hauert C, Doebeli M. Spatial Structure Often Inhibits the Evolution of Cooperation in the Snowdrift Game[J]. Nature, 2004, 428: 643-646.

[214] Szabó G., Vukov J., Szolnki A. Phase Diagrams for an Evolutionary Prisoner's Dilemma Game on Two-dimensional Lattics[J]. Physical Review E, 2005, 72: 47-107.

[215] Abramson G, Kuperman M. Social games in a social network[J]. Physical Review E, 2001, 63(3): 030901.

[216] Wu Z X, Xu X J, Chen Y, et al. Spatial Prisoner's Dilemma Game with Volunteering in Newman-Watts Small-world Networkes[J]. Physcial Review E, 2005, 71.

[217] Omassini M, Luthi L, Giaeobini M. Hawks and Dvoes on Small-world Networks[J]. Physcial Review E, 2006, 73: 016132.

[218] 杨波, 张永文, 刘文奇, 等. 小世界网络上的自我质疑动力学演化博弈[J]. 中国科学, 2018, 48(5): 13-24.

[219] Santos F C, Pacheco, J, M. Scale-free Networks Provide a Unifying Framework for the Emergence of Cooperation[J]. Physical Review Letters, 2005, 19.

[220] Santos F C, Pacheco J M, Lenaerts T. Evolutionary Dynamics of Social Dilemmas in Structured Heterogeneous Populations[J]. Proceedings of the National Academy of Sciences of the United States of America, 2006, 103(9): 3490-3494.

[221] Rong Z H, Li X, Wang X F. c. Roles of Mixing Patterns in Cooperation on a Scale-free Networked Game[J]. Physical, Review E, 2007, 76.

[222] 王哲, 姚宏, 杜军, 等. 拓扑可调无标度网络上的雪堆博弈研究[J]. 系统工程理论与实践, 2016, 36(1): 121-126.

[223] 谢逢洁, 武小平, 崔文田, 等. 博弈参与水平对无标度网络上合作行为演化的影响[J]. 中国管理科学, 2017, 25(5): 116-124.

[224] Szabo G., Toke C. Evolutionary Prisoner's Dilemma Game on a Square Lattice[J]. Physical Review E, 1998, 58: 69-73.

［225］Qin S M., Chen Y., Zhao X Y., et al. Effect of Memory on the Prisoner's Dilemma Game in a Square Lattice［J］. Physical Review E, 2008, 78.

［226］Wu Z. X, Xu X J, Huang Z G, et al. Evolutionary Prisoner's Dilemma Game with Dynamic Preferential Selection［J］. Physical Review E, 2006, 74.

［227］Szabo G., Antal T., Szabo P., et al. Spatial Evolutionary Prisoner's Dilemma Game with Three Strategies and External Constraints［J］. Physical Review E, 2000, 62: 1095.

［228］Lieberman E, Hauert C, Nowak M A. Evolutionary Dynamics on Graphs［J］. Nature, 2005, 433(7023): 312-316.

［229］Szolnoki A., Perc M. Conformity Enhances Network Reciprocity in Evolutionary Social Dilemmas［J］. Journal of the Royal Society Interface 2015, 12.

［230］Fehr E., Simon G. Altruistic Punishment in Humans［J］. Nature, 2002, 15: 137-140.

［231］Szolnoki A., Perc M. Reward and Cooperation in the Spatial Public Goods Game［J］. Europhysics Letters, 2010, 92.

［232］Hauert C., De M. S., Hofbauer J., et al. Volunteering as Red Queen Mechanism for Cooperation in Public Goods Games［J］. Science, 2002, 296: 1129-1132.

［233］Szabó G, Hauert C. Evolutionary prisoner's Dilemma Games with Voluntary Participation［J］. Physical Review E, 2002, 66(6).

［234］黄昌巍. 复杂网络上的演化博弈与观点动力学研究［D］. 北京：北京邮电大学, 2019.

［235］Zimmermann M. G., Eguiluz V. M. Cooperation, Social Networks, and the Emergence of Leadership in a Prisoner's Dilemma with Adaptive Local Interactions［J］. Physical Review, 2005, 72.

［236］Santos F. C., Pacheco J. M., Lenaerts T. Cooperation Prevails When Individuals Adjust Their Social Ties ［J］. Plos Computational Biology, 2006, 2: 1284-1291.

［237］Szolnoki A., Perc M., Szabo G., et al. Impact of Aging on the Evolution of Cooperation in the Spatial Prisoner's Dilemma Game［J］. Physical Review E, 2009, 80.

［238］Szolnoki A., Vukov J., Szabo G. Selection of Noise Level in Strategy Adoption for Spatial Social Dilemmas［J］. Physical Review E, 2009, 80.

［239］田琳琳. 基于个体动态属性的网络群体合作演化机制研究［D］. 大连：大连理工大学, 2018.

［240］Nowak M A. Five Rules for the Evolution of Cooperation［J］. Science, 2006, 314(5805): 1560-1563.

［241］Barabási A L, Albert R. Emergence of Scaling in Random Networks［J］. Science, 1999,

286(5439)：509-512.

[242] Holme P, Kim B J. Growing Scale-free Networks with Tunable Clustering[J]. Physical Review E Statistical Nonlinear & Soft Matter Physics, 2002, 65(2)：95-129.

[243] 谢逢洁, 崔文田, 李庆军. 空间结构对合作行为的影响依赖于背叛诱惑的程度[J]. 系统工程学报, 2011, 26(4)：451-459.

[244] Wu Z X, Xu X J, Wang Y H. Prisoner's Dilemma Game with Heterogeneous Influential Effect on Regular Small-World Networks[J]. Chinese Physics Letters, 2006, 23(23)：531-534.

[245] 谢逢洁, 崔文田, 胡海华. 复杂网络中基于近视最优反应的合作行为[J]. 系统工程学报, 2010, 25(6)：804-811.

[246] Lehmann L, Keller L. The Evolution of Cooperation and Altruisma General Framework and a Classification of Models[J]. Journal of Evolutionary Biology, 2006, 19(5)：1365-1376.

[247] Kulakowski K, Gawronski P. To Cooperate or to Defect? Altruism and Reputation[J]. Physica A：Statistical Mechanics and its Applications, 2009, 388(17)：3581-3584.

[248] Ge Z, Zhang Z K, Lu L, et al. How Altruism Works：An Evolutionary Model of Supply Networks[J]. Physica A：Statistical Mechanics and its Applications, 2012, 391(3)：647-655.

[249] 张静. 基于公平偏好的知识共享博弈研究[J]. 科技与管理, 2007(6)：57-59.

[250] 韩姣杰. 基于有限理性与互惠和利他偏好的项目多主体合作行为研究[D]. 成都：西南交通大学, 2013.

[251] 何国卿, 龙登高, 刘齐平. 利他主义、社会偏好与经济分析[J]. 经济学动态, 2016(7)：98-108.

[252] 刘茜. 基于社会偏好的网络社群中顾客契合的演化机制及激励研究[D]. 北京：北京邮电大学, 2017.

[253] Bourdieu, P. The Forms of Capital, Handook of the Theory and Research for the Sociology of Education[M]. New York：Greenwood., 1985：241-258.

[254] Lane P J, Lubatkin M. Relative Absorptive Capacity and Interorganizational Learning[J]. Strategic Management Journal, 1998, 19(5)：461-477.

[255] Kolter, P. Marketing Management[M]. Prentice-Hall, EngleWood Cliff, NJ, 2000.

[256] Patterson, Paul G. Spreng, Richard A. Modelling the Relationship Between Perceived Value, Satisfaction and Repurchase Intentions in a Business-to-business, Services Context：An Empirical Examination [J]. International Journal of Service Industry Management, 1997.

［257］龚主杰，赵文军. 虚拟社区知识共享持续行为的机理探讨：基于心理认知的视角［J］. 情报理论与实践，2013，36(6)：27-31.

［258］Bhattacherjee, Anol. Understanding Information Systems Continuance: An Expectation-confirmation Model［J］. MIS Quarterly, 2001: 351-370.

［259］Lin, Cathy S, Wu, Sheng, Tsai, Ray J. Integrating Perceived Playfulness Into Expectation-confirmation Model for Web Portal Context［J］. Information & Management, 2005, 42(5): 683-693.

［260］张晓亮. 虚拟社区用户持续知识共享行为研究［D］. 杭州：浙江工商大学，2015.

［261］Wasko, M. McLure, Faraj, Samer. "It is what one does": Why People Participate and Help Others in Electronic Communities of Practice［J］. The Journal of Strategic Information Systems, 2000: 155-173.

［262］郭起宏，万迪昉. 薪酬公平感与员工满意度关系的实证研究［J］. 统计与决策，2008(13)：91-93.

［263］Chiu C M, Lin H Y, Sun S Y, et al. Understanding Customers' Loyalty Intentions Towards Online Shopping: An Integration of Technology Acceptance Model and Fairness Theory［J］. Behaviour & Information Technology, 2009, 28(4): 347-360.

［264］CHIU, Chao Min, CHIU, Chao Sheng, CHANG, Hae Ching. Examining the Integrated Influence of Fairness and Quality on Learners' Satisfaction and Web-based Learning Continuance Intention［J］. Information Systems Journal, 2007, 17(3): 271-287

［265］胡新平，胡明清，邓腾腾. 基于公平偏好的研发团队知识共享激励机制研究［J］. 商业研究，2013(10)：82-87.

［266］李双燕，万迪昉. 组织互惠行为与员工工作满意度、离职意图的关系研究［J］. 科学学与科学技术管理，2009，30(6)：177-181.

［267］JIN, Xiao-Ling, et al. Why Users Keep Answering Questions in Online Question Answering Communities: A Theoretical and Empirical Investigation［J］. International Journal of Information Management, 2013, 33(1): 93-104.

［268］Yu C P, Chu T H. Exploring Knowledge Contribution from an OCB Perspective［J］. Information & Management, 2007, 44(3): 321-331.

［269］陈露. 高中生核心自我评价、感知到的学校氛围、利他行为与生活满意度的关系［J］. 中小学心理健康教育，2019(16)：4-9.

［270］赵文军. 虚拟社区知识共享可持续行为研究［D］. 武汉：华中师范大学，2012.

［271］Hars, Alexander, Qu, Shaosong. Working for Free? Motivations for Participating in Open-Source Projects［J］. International Journal of Electronic Commerce, 2002, 6(3): 25-39.

[272] Kwok, James S. H, Gao, S. Knowledge Sharing Community in P2P Network: A Study of Motivational Perspective[J]. Journal of Knowledge Management, 2004, 8(1): 94-102.

[273] Gruen T W, Acito S F. Relationship Marketing Activities, Commitment, and Membership Behaviors in Professional Associations[J]. Journal of Marketing, 2000, 64(3): 34-49.

[274] Allen D G, Shore L M, Griffeth R W. The Role of Perceived Organizational Support and Supportive Human Resource Practices in the Turnover Process[J]. Journal of Management, 2003, 29(1): 99-118.

[275] Shao G. Understanding the Appeal of User-generated Media: A Uses and Gratification Perspective[J]. Internet Research, 2009, 19(1): 7-25.

[276] Williams L J, Hazer J T. Antecedents and Consequences of Satisfaction and Commitment in Turnover Models: A Reanalysis Using Latent Variable Structural Equation Methods[J]. Journal of Applied Psychology, 1986, 71(2): 219-231.

[277] Kuo Y F, Feng L H. Relationships Among Community Interaction Characteristics, Perceived Benefits, Community Commitment, and Oppositional Brand Loyalty in Online Brand Communities[J]. International Journal of Information Management, 2013, 33(6): 948-962.

[278] Peccei L R. Perceived Organizational Support and Affective Commitment: The Mediating Role of Organization-Based Self-esteem in the Context of Job Insecurity[J]. Journal of Organizational Behavior, 2007, 28(6): 661-685.

[279] Yang X, Li G, Huang S S. Perceived Online Community Support, Member Relations, and Commitment: Differences Between Posters and Lurkers[J]. Information & Management, 2017, 54(2): 154-165.

[280] Hsu, Chiu-Ping. Effects of Social Capital on Online Knowledge Sharing: Positive and Negative Perspectives[J]. Online Information Review, 2015, 39(4): 466-484.

[281] 谢晓飞. 虚拟社区氛围、心理抗拒和社区参与研究[D]. 天津: 天津大学, 2018.

[282] Joosten H, Josée Bloemer, Hillebrand B. Is More Customer Control of Services Always Better? [J]. Journal of Service Management, 2016, 27(2): 218-246.

[283] Ryan R M, Deci E L. Self-regulation and the Problem of Human Autonomy: Does Psychology Need Choice, Self-determination, and Will? [J]. Journal of Personality, 2006, 74(6): 1557-1585.

[284] Algesheimer, René, Dholakia U M, Herrmann A. The Social Influence of Brand Community: Evidence from European Car Clubs[J]. Social Science Electronic Publishing. Journal of Marketing, 2005, 69 (7): 19-34.

［285］Huseman, R. C., Hatfield, J. D., & Miles, E. W. A New Perspective on Equity Theory: The Equity Sensitivity Construct［J］. Academy of Management Review, 1987, 12（2）: 222-234.

［286］King W C, Miles E W. The Measurement of Equity Sensitivity［J］. Journal of Occupational and Organizational Psychology, 1994, 67（2）: 133-142.

［287］Davison H K, Bing M N. The Multidimensionality of the Equity Sensitivity Construct: Integrating Separate Benevolence and Entitlement Dimensions for Enhanced Construct Measurement［J］. Journal of Managerial Issues, 2008, 20（1）: 131-150.

［288］张海涛, 崔晖, 赵俊. 公平敏感性的调节效应分析［J］. 价值工程, 2016, 35（3）: 196-198.

［289］Shumaker, S., Brownell, A. Toward a Theory of Social Support: Closing Conceptual Gaps［J］. Journal of Social Issues, 1984, 40（4）: 11-36.

［290］张荣华. 知识问答社区用户的知识共享意愿研究［D］. 南京: 南京大学, 2014.

［291］Lin, H. F. Effects of Extrinsic and Intrinsic Motivation on Employee Knowledge Sharing Intentions［J］. Journal of Information Science, 2007, 33（2）: 135-149.

［292］耿瑞利, 申静. 社交网络群组用户知识共享行为动机研究: 以 Facebook Group 和微信群为例［J］. 情报学报, 2018, 37（10）: 1022-1033.

［293］Yoon C, Rolland E. Knowledge-sharing in Virtual Communities: Familiarity, Anonymity and Self-determination Theory［J］. Behaviour & Information Technology, 2012, 31（11）: 1133-1143.

［294］赵建彬, 景奉杰. 在线品牌社群氛围对顾客创新行为的影响研究［J］. 管理科学, 2016, 29（4）: 125-138.

［295］李怀祖. 管理研究方法论［M］. 西安: 西安交通大学出版社, 2004.

［296］Bock G W, Zmud R W, Kim Y G, et al. Behavioral Intention Formation in Knowledge Sharing: Examining The Roles of Extrinsic Motivators, Social-psychological Forces, and Organizational Climate［J］. MIS Quarterly, 2005: 87-111.

［297］Kaiser H F, Rice J. Little Jiffy, Mark IV［J］. Educational and Psychological Measurement, 1974, 34（1）: 111-117.

［298］吴明隆. 结构方程模型: AMOS 的操作与应用［M］. 重庆: 重庆大学出版社, 2009: 227.

［299］Hair J F, Tatham R L, Anderson R E, et al. Multivariate Data Analysis, 5/E［M］. Prentice Hall, 1998: 648-650.

［300］吴明隆. 结构方程模型: Amos 的操作与应用［M］. 重庆: 重庆大学出版社, 2010.

［301］侯杰泰，温忠麟，成子娟. 结构方程模型及其应用［M］. 北京：教育科学出版社，2004.

［302］Hair J F, Black W C, Babin B J, et al. Multivariate Data Analysis［M］. Upper Saddle River, NJ：Pearson Prentice Hall, 2006.

［303］Larry H. A Step-by Step Approach to Using SAS for Factor Analysis and Structural Equation Modelling［M］. Cary, NC：SAS Institute Inc, 1994.

［304］Fornell C, Larcker D F. Structural Equation Models with Unobservable Variables and Measurement Error［J］. Algebra and Statistics, 1981, 18(3)：382-388.

［305］温忠麟，刘红云，侯杰泰. 调节效应与中介效应分析［M］. 北京：教育科学出版社，2012：91-92.

［306］安景文，孟建锋. 众包创新生态系统的建构策略研究［J］. 人民论坛，2020(4)：58-59.